人生的
方与圆

梁玉林◎编著

北方文艺出版社

图书在版编目（CIP）数据

人生的方与圆 / 梁玉林编著 . —— 哈尔滨：北方文
艺出版社 , 2018.6

ISBN 978-7-5317-4157-2

Ⅰ . ① 人… Ⅱ . ① 梁… Ⅲ . ① 人生哲学 – 通俗读物
Ⅳ . ① B821–49

中国版本图书馆 CIP 数据核字 (2017) 第 326230 号

人 生 的 方 与 圆
Rensheng de Fangyuyuan

编　著 / 梁玉林

责任编辑 / 王　丹　金倩倩　　　　　封面设计 / 尚　世

出版发行 / 北方文艺出版社　　　　　网　址 / www.bfwy.com
邮　编 / 150080　　　　　　　　　　经　销 / 新华书店
地　址 / 黑龙江现代文化艺术产业园 D 栋 526 室

印　刷 / 河北盛唐印刷有限公司　　　开　本 / 889×1194　　1/32
字　数 / 151 千　　　　　　　　　　印　张 / 7
版　次 / 2018 年 6 月第 1 版　　　　印　次 / 2018 年 6 月第 1 次印刷

书　号 / 978-7-5317-4157-2　　　　定　价 / 38.00 元

前　言

　　人生的智慧是什么？不同的人有不同的解答，中国人给出的答案是："方圆做人，成功做事。"

　　"方圆做人，成功做事"是中国人几千年历史文化的积淀，是中国人做人做事的大规则，是东方智慧的集中体现。

　　做事和做人密不可分，共同构成了我们的人生。人生是一本丰富的大书。世界上有多少个人，便有多少本内容完全不一样的书。人类的历史，也正是由无数人生之书汇合而成的。

　　在生命的道路上，每一个人都面临着如何做人做事的问题，是畏畏缩缩，还是勇往直前？是平平庸庸，还是轰轰烈烈？怎么做人，如何做事，这是一个极富意义而又社会化的问题，更是值得人们去探究的人生大课题。

　　方圆做人是成功做事的根本。做好了人，做事才不会误入歧途，才能为做事赢得良好的人际支持。

　　成功做事是我们立身成人的必要技能，不做事，做人就没有了内涵，我们生活资料的获得、能力与价值的体现等都要通过做事来实现。

本书从智慧的高度，从具体事情的细微之处入手，采集大量贴近日常生活与工作中的经典事例以及成功人士的案例，对如何做人做事进行了详尽的剖析。语言平实、优美，娓娓道来，无哗众取宠之意，且有极强的可操作性，实在是一本难得的好书。

如果您渴望拥有高质量的生活、成功的事业和辉煌的未来，那么请您翻开此书，它将是您生活中的美丽天使，事业上的得力助手，未来路上的最好向导！

目录
Contents

第一篇

官场社交之道

第二篇

平安涉世之道

第三篇

职场社交之道

第四篇

处事变通之学

第一篇

官场社交之道

一、官场社交 圆转涉世

（一）顺水推舟 道理自明

李鸿章有个远房亲戚，胸无点墨而热衷科举，考场上打开试卷，竟有一多半字不认识，急得如热锅上的蚂蚁。眼看交卷时间就要到了，此人灵机一动，在试卷上写道："我乃中堂李鸿章大人的亲妻（戚）。"当主考官批阅这份考卷时，不禁拈须微笑，提笔在卷上批道："所以本官不娶你。"主考官巧借李某的一个错字，顺水推舟，来个"错"批，取得了强烈的讽刺效果。运用顺水推舟法，能达到许多目的。

据《晏子春秋》记载，齐景公爱打猎，非常喜欢养老鹰捉兔子。一次，烛邹不慎让一只鹰逃走了，景公下令把烛邹推出去斩了。晏子为了营救烛邹，立即上前拜见景公说："烛邹有三大罪状，哪能这么轻易杀了呢？请让我一条条数出来后再杀他，可以吗？"齐景公说："可以。"晏子指着烛邹的鼻子说："烛邹，你为大王养鹰，却让鹰逃走，这是第一条罪状；你使得大王为了鹰的原因要杀人，这是第二条罪状；把你杀了，天下诸侯都会责怪大王重鹰轻士，这是第三条罪状。"齐景公听后对晏子说："别杀了，我明白你的意思了。"就这样，赦免了烛邹的杀身之祸。

上面例子正话反说术恰恰是反战之术在这方面的运用。晏子运用假设"罪状"的方法给没有罪的烛邹设立了三条明显违背常理的罪名，并数给齐景公听。而这些罪名又明显是从齐景公的角度来设立的，因而使齐景公作为旁观者，自己也觉得不合理。并明白了晏子的用意，放过了烛邹。

（二）寸土必争　立场坚定

古时候，有个大财主订了个规矩：庄子里的人遇到他，都要敬礼，否则便要挨鞭子。

一天，阿凡提在街上行走，碰上了大财主。"你为什么不向我敬礼，穷小子！"大财主怒不可遏。"我为什么要向你敬礼？""我最有钱。有钱就有势。穷小子，你得向我敬礼，否则我就打你。"

阿凡提站着不动。围观的人越来越多，大财主有点心虚，便压低声对阿凡提说："这样吧，我口袋里有100块钱。我给你50块，你就给我敬个礼吧！"阿凡提慢慢悠悠地把钱装进兜里，说："现在你有50块钱，我也有50块钱，凭什么非要向你敬礼不可呢？"周围的人大笑起来。大财主又气又急，一下子把剩下的50块也抽了出来："听着，如果你听我的，那我就把这50块钱也送给你！"阿凡提又把50块钱收下，接着严肃地说："好啦，现在我有100块，你却一分钱也没有了，有钱就有势，向我敬礼吧！"大财主目瞪口呆。

当你把自己口袋里所有资本都给了对方时，你就没有资格再让对方让步了。

在任何场合，你都不要给对方太大的让步。经验表明，你让步越大，对方对你怀疑越多，而你就更处于被动地位。那个大财主就是一让再让，从而使自己处于被动地位，反被愚弄。我们在不该让步时，绝不可为求眼下一时之安，而让步妥协，而是应绝不让步，站稳立场。

（三）广揽谋士 助己决策

刘备三顾茅庐，终于听到诸葛亮对于天下形势的分析，形成"三足鼎立取其一"的战略规划，这一想法终于使刘备能够雄踞一方，为争夺天下打下了良好的基础。

职场一般都是非常重视谋士型人才的。历史证明，大凡夺得天下者，大凡善治天下者，身边都有一大批多谋善断的谋士。从张仪、萧何、陈平、魏徵，到赵普、朱升、范文程等，无不为皇帝出过无数奇谋，帮助其主人渡过无数的危机。可以说，没有他们的竭力辅佐，其主人就很难夺得天下，更不要说坐稳天下了。也正因为如此，历史上统治者都提出，欲得天下必广揽贤才，这其中谋士便占了很重要的成分。

谋士可以弥补领导的智力不足。一个领导不可能是处处超群出众的，他可能有胆识、有气魄、有决断和有远见，然而也有可能只是因为有正统血脉，但他绝不可能什么事情都能预料到、都通晓。而谋士型人才一般都是智力超群、胸有奇谋，令领导者茅塞顿开，幡然醒悟。谋士型人才能够帮助领导看清当前的形势格局，看清未来发展的基本趋势，并能帮助领导采取最恰当的办法。

对于领导来说，一个谋士恐怕还不足以使领导事事成功，但是，谋士的一点看法，往往能点破迷津，确定大局，使形势开始朝着有利于己的方向发展。有了谋士之后，领导的工作剩下来的有两种：一种是你作为领导者所必须做的，另一种是你的部下应该做的。下一步就是把所有部下能做的工作恰到好处地委派给他们。这是唯一能使你避免在细节问题上耗费精力，而又在不影响最终效果的情况下减少工作时间的办法。在授权部下的同时，领导者还需要建立一种适当控制手段，即发生什么差错时能立刻采取的补救措施。

（四）以诚待人 忌心不在焉

楚汉相争时，韩信在项羽军中未受到重用，于是投奔汉营。但是在刘邦军中，初期仍然没有受到重用，于是韩信在一气之下逃离汉营，从而有了一段萧何月下追韩信的佳话。

萧何追回了韩信，极力向汉王刘邦推荐。刘邦对韩信本无信任可言，只是禁不住萧何的再三保举，这才答应接见韩信。韩信应召进帐来见刘邦，可是一见之下，韩信对刘邦当时的行为便极为反感。原来刘邦正在洗脚，见了韩信，不仅没有停止，反而仍然悠闲自得地呈享受状，对韩信也是一副爱搭不理的样子。韩信将眉头皱着，回头便走。若不是萧何不放心守在帐外，再者若不是韩信一心想借汉王之势建功立业，刘邦便会因此失去一员为他争得天下的大将，那么楚汉相争最终将鹿死谁手，还真不好说。

在这个故事中，我们不难看出，韩信对刘邦的反感，正是由于刘邦在接见韩信时心不在焉，虚与委蛇。也许，韩信在为刘邦争得天下之后便起了造反之心，也许是由于当时的反感而埋下的种子呢？

这类人，一般在应酬中都缺乏诚意，常会引起应酬对象的反感。因此在日常应酬中，不论你的身份如何，也不论你的应酬对象与你的身份地位有多大的差异，在你与对方的应酬过程中，一旦你表现出了心不在焉的神态，对方同样会对你失去好感，同样会对你虚与委蛇。这样的应酬，将毫无意义。

（五）以人为贵 礼让为先

处世做人，贵在有德。中国人的"处世"，首先是要"做人"，"做人"即是立身处世。做人就是以道德律己，以道德待人。对人"缺德"的评判，是中国社会生活中甚为严厉的谴责。在具体的做人之德上，其主要范畴有"诚实正直""光明磊落""言行一致""忠厚善良""廉正俭朴"等。这种以"做人"为处世前提与基础的处世观念，体现了浓厚的尚德特征。与人交往，以德待人。中国传统处世之道的尚德倾向，还表现在强调人际交往的道德性，主张人际应当是与人相处，贵在以德待人。

1.礼让。中国人历来以"让"为处世美德：家庭内部的礼让被极力倡导，妇孺皆知；在名利面前，"不贪为宝"的高洁品格；对待人际纠纷，先贤主张"退后一步自然宽"。一个"让"

字，可化解纠纷，和谐人际关系。

2.以诚相见。中国人在人际交往中十分看重"心诚"，由此有"待物莫如诚"的古训。而这一点正是"以德服人"的重要内容。故"开诚公道"，往往能化解矛盾，消除成见，沟通感情。

3.守信用，重承诺。其基本要求是"言必信，行必果"，即说话算数，言行一致，讲究信用。"一诺千金""一言九鼎"等成语，生动显示了信用在中国人心目中的价值和地位。

"贵和"是中国人处世性格的另一显著特征。"和"是中国传统文化中极为重要的内容，立足点在于社会的稳定与协调，并直接影响着中国人的思想方法与处世观念。在中国古代重视宇宙自然的和谐、人与自然的和谐，更特别注重人与人之间的和谐。孔子主张"礼之用，和为贵"，就是以和睦、和平、和谐以及社会的秩序与平衡为价值目标。以"贵和"而论，中国人把"和为贵"作为待人接物的基本原则，追求人与人之间的和睦、和平与和谐，"和"既是人际行为的价值尺度，又是人际交往的目标所在。以诚信、宽厚、仁爱待人是为了"和"；恪守本分互不干涉是为了"和"；"和而不同"，求同存异，也是一种"和"。

一个颇负盛誉的企业名人，在一次内部培训会上传授他从业十余年的成功秘诀时说道："事业成功与否，关键在于如何处世做人。"的确，处世之道，就是为人之道，今天我们要能立足于社会，就得先从明白如何做人开始。明白怎样做人，才能与人和睦相处，待人接物才能通达合理，这确实是一门高深的学问，值得我们终身学习。

打开处世之道的第一把钥匙："与人共事，礼让为先"，病态的人际交往，使许多现代人身心疲惫，苦不堪言。在人际交往中形成良性的互动和信义友善关系，是我们人人所希求的。既然人心同此向往，只要有人迈出真诚改善的一步，定会有人相感而动，在您身边聚集一群互利、互助的同事和朋友。

清代康熙、雍正年间，桐城的张英在京城做官。家人在桐城建相府时与邻居发生争执，彼此为三尺宅基地互不相让，官司打到县衙里。张家总管连忙送信给张英，盼望他给县令写信求情。张英见家书后，复诗一首寄回："千里求书为道墙，让他三尺有何妨，长城万里今犹在，谁见当年秦始皇？"

总管接信后，深深领会张英和睦礼让、豁达明理的胸襟，立即让出三尺地。邻居看见张家退让三尺，也随即后退三尺，两家不仅化解了矛盾，还为过往行人留下了一条六尺宽的通行巷道，大大地方便了邻里乡亲。

以德礼让，可以消弭许多纷争。如能常常这样做，你就在社会上建立了公信力，人们乐于找你共事，因此事业发展的机会多；你需要别人帮助办事时，也会有很多人拥护协助。礼让是自利利他的相处之道，是真正的双赢，且谚语常说："量大福大"，以宽大的胸怀、礼让于对方，往往是后福无穷。而这种例子，不妨从自身做起，来验证"量大福大"的道理。

在中国历史上，郭子仪对于心术不正的小人来见他，纵然他的地位很卑微（郭子仪那时已封王），他也一定见，而且一定坐得很端庄，穿上礼服来接见。有很多人觉得奇怪，就问他："许多达官贵人来见你，你都很随便，为什么这些小人物来见你，你这样严肃？"郭子仪回答道："这些人心术不正又很聪明，还很会巴结，不能得罪，万一他将来做了大官，得了志，我们得罪过他，他怀恨在心会报复。"

他的话后来果然应验，擅长于巴结的人，很容易讨得主子的欢心，凡是得罪过他的人，在他得志的时候都没有好结果，有仇必报。郭子仪一生能够平平安安度过，有他的一套学问见识。中国古人身上，有许多很值得我们学习的地方。

处事谨慎，临事不危，有一种小心翼翼的态度，三思而行，这是必然的。但要做好却不容易。做到谨慎，重要的是把握分寸，留有余地。

王刚和同事因为某些工作上的小事而争吵，弄得两人很不愉快，王刚对他的同事说："从今天起，我们断绝所有关系，彼此毫无瓜葛……"说完话还不到两个月，他的同事就晋升成为他的上司，然而王刚因为当时话讲得过重，只好另谋他就。

谨慎也当留有余地。之所以说做人不是事事当谨慎，是说谨慎到一定情况当换一种形式，或叫果敢、或叫灵活。

刘邦在鸿门宴上，被张良叫了出来，实际已离虎口。想要逃走，又谨慎地履行礼节，去向项羽、范增告别，无异于送肉上砧板。这时，刘邦既已出门，该撒腿就跑，而讲礼数去辞行就是愚蠢。所以樊哙说："大行不拘小谨，大礼不辞小让。"

谨慎，留有余地，不说过头话，不做心力用尽的事，则随时可以应付意外情况。因为于人本身，强中自有强中手，而于事态发展，也时有不测风云。因此，但凡做事就要留有余地，会让你在人际交往中进退自如。

人们往往将宽广的胸怀比作大海，因为大海能广纳百川，也不惧暴雨和巨浪。人们在一个单位或集体中工作学习，难免会产生一些意见或矛盾。但是，往往人们会经常为一些鸡毛蒜皮的小事争得面红耳赤，谁都不肯让步，甚至大打出手，然而事后静下心来想想，当时若能忍让三分，自会风平浪静，大事化小、小事化了。

汉朝时有一位叫刘宽的人，为人宽厚仁慈。他在南阳当太守时，小吏、老百姓做了错事，他只是让差役用蒲草鞭责打，以示惩戒使之不再重犯，此举深得民心。刘宽的夫人为了试探他是否像人们所说的那样仁厚，便让婢女在他和属下集体办公的时候捧出肉汤，故作不小心把肉汤洒在他的官服上。要是一般的人，必定会把婢女毒打一顿，至少也要怒斥一番。但是刘宽不仅没发脾气，反而问婢女："肉汤有没有烫着你的手？"由此足见刘宽为人宽容之肚量确实超出一般人。

这就是有理让三分的做法，刘宽的肚量可谓不小。他感化了人心，也赢得了人心。人人都有自尊心和好胜心，在生活中，对一些非原则性的问题，我们应该主动显示出自己比他人更有容人之雅量。

俗话说，人非圣贤，孰能无过。每个人都难免会偶有过失，因此每个人都有需要别人原谅的时候。

中国自古以来就是礼仪之邦，谦和、礼让更是中华民族的美德。当你在狭窄的路上行走时，要给别人留一点余地，停住脚步让对方先过去，是种礼貌的体现。在生活中，除了原则问题须坚持外，对小事互相谦让会使个人的身心保持愉快。

得理不让人，让对方走投无路，有可能激起对方"求生"

的意志，而既然是"求生"，就有可能是"不择手段"，这对你自己将造成伤害，好比将老鼠关在房间内，不让其逃出，老鼠为了求生，会咬坏你家中的器物。放它一条生路，它逃命要紧，便不会对你家中的器物造成破坏。对方"无理"，自知理亏，你在"理"字已明之下，放他一条生路，他会心存感激，来日自当图报。就算不会如此，也不太可能再度与你为敌。这就是人性。

世界很大也很小，山不转水转，后会有期的事情常发生。你今天得理不让人，哪知他日你们二人会不会狭路相逢。"得理让人"，这也是为自己以后留条后路。今日的朋友，也许将成为明日的仇敌；而今天的对手，也可能成为明天的朋友。让对方先过，哪怕是宽阔的道路也要留给别人足够的空间。你会发现，这既是为他人着想，又能为自己留条后路。

宽以待人，要有主动"让道"精神，宽容让人。在与他人交往中，常常会因为个性、脾气、爱好、要求的不统一，价值观念的差异产生矛盾或冲突，此时我们应记住一位哲人的话："航行中有一条公认的规则，灵敏的船应该给不太灵敏的船让道。这在人与人的关系中也是应遵循的一条规律。"

做一个能理解、容纳他人优点和缺点的人，才会受到他人的欢迎。相反，那些只知道吹毛求疵，又没完没了地批评说教的人，怎么会拥有亲密的朋友呢？人们对他们只有敬而远之。将心比心，才能做到宽以待人。

（六）忍辱负重 永不服输

某种意义上说，在官场做事是一件"苦差事"，没有非凡的意志是成不了气候的，否则就不会有"卧薪尝胆可吞吴"的典故了。你想有所作为，就必须有所不为，不能逞一时之勇，意气用事。"忍辱负重"的意思是能忍受屈辱，担负重任。与对手竞争时，你不能服输，如果连自己也认输了，那么你就真的彻底输掉了。只要你永不服输，你就有希望，即使没希望，精神也可嘉。

陆逊，字伯言，三国时吴郡吴县（今江苏省苏州市）人。建安二十四年，东吴大将吕蒙因病向孙权推荐陆逊接替他的职务，抵抗蜀将关羽。吕蒙对孙权说："陆逊处事谨慎，才堪负重，我看他颇有谋略，终可担当大任。而现在他还没有大的名气，不为关羽所重视，若用他来接替我，对外隐藏真实意图，对内明察形势、相机而动，荆州可取也。"后来陆逊果不负众望，以骄兵之计使关羽放心地离开荆州进攻襄阳，陆逊则乘机攻克公安，夺取荆州，最后导致关羽首尾不能相顾，被东吴部将斩杀。

黄武元年，刘备因嫉恨东吴部将斩杀关羽，率兵进犯东吴，孙权又以陆逊为大都督率兵抗敌。陆逊因谋略过人，调度有方，结果大败蜀军，刘备败退白帝城。当初，陆逊为大都督抵抗刘备来犯时，身边的将领多是孙策时代的旧臣名将，有的是王公贵族。他们骄傲自负，不大听从陆逊调遣。陆逊按着宝剑说："刘备天下闻名，连曹操也惧他三分，今率兵犯境，实则是强敌压境啊！诸君共享国恩，当团结一心，共同抗敌，以报国恩。现在大家不能团结一心，听从调令，实在太不应该了。我虽一介书生，但受主上洪恩担此大任。主上之所以让诸君听命于我，是因为我还有一点可以称道的优点，就是能忍辱负重罢了。现在各负其责，岂能推辞，军令如山，不可违犯啊！"陆逊正是因其处事谨慎，才谋超群，能忍辱负重的良好风范而成为三国时的一代名将，为后人所传颂。

（七）淡泊明志 失亦是得

能够忍受粗茶淡饭的人，通常具备冰清玉洁的情操，人的志气可以从淡泊少欲中表现出来。

唐朝著名高僧慧宗禅师，特别喜欢兰花，于是带着一群小和尚辛勤地栽培。第二年春天，满山开满了兰花，小和尚们都高兴得合不拢嘴。不料一场暴风雨之后，满山的兰花被乱七八糟地打倒在稀泥里，花朵撒了一地。

小和尚们看到后都忐忑不安地等待高僧的数落，哪知高僧却平心静气地说："我栽花是为了寻找乐趣，而不是得到愤怒和埋怨。"小和尚们顿时醍醐灌顶，不由自主地钦佩高僧宽广的胸怀。是啊，只要我们将那些快乐的兰花栽种于心田，拥有了兰心蕙质，我们的心境一定会溢满幸福与快乐，安详与宁静。

在生活中放下思想包袱，不必为丢失找不回来的东西徒劳，更不要为它心累。千万不要把不愉快的心情堆积在心里，让我们给心灵做个大扫除，把沉重的东西统统丢掉，轻装上阵。

不必为自己的外表苦恼，外表的美丽不一定适应环境，有时也是一种负担，而且往往会为生存带来麻烦或灾难。相反的，平平常常倒能活得自由自在。所以，不如放下你虚荣而美丽的外表，或是不实的身份，踏踏实实地体会简单真实的生活。

欧洲杰出的思想家伊曼纽尔康德，很厌恶"沽名钓誉"，他幽默地说："伟人只有在远处才发光，即使是王子或国王，也会在自己的仆人面前大失颜面。"也许，正因为有了这样一份平凡的心境，世界的角落才又多了几丝温暖，几分快乐；也许正是有了这样一份坦然的心境，世界才又多了几分温馨，几分甜蜜。

淡泊的人生是一种享受，守住一份简朴，不再显山露水；认识生命的无常，时刻保持一种既不留恋过去，又不期待未来的心态。荣辱不惊，去留无意。别太在意自己，天使能够飞翔，是因为把自己看得很轻。走一程蓦然回首，你会发现，其实幸福离你只有一个转身的距离。

"吃亏是福"是一句深入民心的话，人要有交往、交流、交际，而只要"交"起来，就可能有的人吃亏，有的人占便宜。在两个人以上的交流中要想不吃亏，完全到达"平等"交往，是不存在的。在交往的过程中，没有哪一个人不曾吃过亏，有的吃亏是自愿的，有的吃亏是被迫的，有的吃亏是不甘心的……但无论你愿意或不愿意，你都必须吃亏。有些事情你可能认为是受益了，其实在别人眼里你是吃亏的；有些事情你可能是吃亏了，但别人认为你占了大便宜。所以说，吃亏和占便宜，其本身并没有明确的标准去衡量，没有严格的评定准则去定位。这要因人、因事、因环境、因社会等因素去定夺，也是仁者见仁，智者见智的事。得到是占便宜吗？不尽然。失去就是吃亏了吗？更无法定论。

社会是一个繁纷的社会，人生是一个多元的人生。吃亏与受益都是相对的，有些时候，即使是同一件事，同一个人所为，都能出现吃亏和受益两种截然不同的结局。在人生的历程中，吃亏和受益是互为存在、互为结果的。一个人不能事事只想着受益，有些事情当时即使真的受益了，最终结果仍有可能是吃亏；更不能事事怕吃亏，有些事情当时可能是吃亏了，但事后仍有可能会出现一个受益的结果。

塞翁失马的故事就是一个很好的例子。战国时期，靠近北部边城，住着一个老人，名叫塞翁。塞翁养了许多马，一天，他的马群中忽然有一匹马走失了。邻居们听说这件事，跑来安慰，劝他不必太着急，年纪大了，多注意身体。塞翁见有人劝慰，笑了笑说："丢了一匹马损失不大，没准会带来什么福气呢。"

邻居听了塞翁的话，心里觉得很好笑。马丢了，明明是件坏事，他却认为也许是好事，显然是自我安慰而已。过了几天，丢失的马不仅自动返回家，还带回一匹匈奴的骏马。

邻居听说了，对塞翁的预见非常佩服，向塞翁道贺说："还是您有远见，马不仅没有丢，还带回一匹好马，真是福气呀。"塞翁听了邻人的祝贺，反而一点高兴的样子都没有，忧虑地说："白白得了一匹好马，不一定是什么福气，也许会惹出什么麻烦来。"邻居们以为他故作姿态纯属老年人的狡猾，心里明明高兴，却有意不说出来。

塞翁有个独生子，非常喜欢骑马。他发现那匹匈奴骏马顾盼生姿，身长蹄大，嘶鸣嘹亮，剽悍神骏，一看就知道是匹好马。他每天都骑马出游，心中扬扬得意。

一天，他高兴得有些过火，骑马飞奔，一个趔趄，从马背上跌下来，摔断了腿。邻居听说，纷纷来慰问。塞翁说："没什么，腿摔断了却保住了性命，或许是福气呢。"邻居们觉得他又在胡言乱语。他们想不出，摔断腿会带来什么福气。

不久，匈奴兵大举入侵，青年人被应征入伍，塞翁的儿子因为摔断了腿，不能去当兵。入伍的青年都战死了，唯有塞翁的儿子保住了性命。

其实，学会吃亏，善于吃亏，乐于吃亏，这并不是一个人无能、无用、无知的表现，很大程度上这也是一个人的品行、思想高尚与否，行为善良与否的写照。把吃亏当作一种福气，是一个人思想的最高境界。能修炼到这样一种境界，也是人生趋向完美的境界。这种伟大的境界并不仅仅表现在轰轰烈烈伟大的事情上，很多情况下，日常的、平凡的、琐碎的小事，更能体现出这种伟大品格的存在。

郑武公是一个足智多谋、穷兵黩武的诸侯，他要扩张地盘，便打邻邦胡国的主意。但当时胡国是一个强大的国家。国王勇猛善战，经常骚扰边疆。用武力固然不容易，想政治渗透根本也不可能，因为当时对胡国的内情实在是一无所知。

在这样文武无所施其技的时候，唯有采取逐步渗透的战略，不得不忍耐一下，派遣一个亲信到胡国去，说要攀个亲戚，把自己的女儿嫁给胡国国王。国王听说自然万分高兴。这样，郑武公就做了胡国国王的岳父。

这位新夫人是负有使命的。她到了胡国，下足媚劲，把国王迷惑得昏头昏脑，日日夜夜，花天酒地，连朝也懒得上了，对国家大事简直置之不理。

郑武公知道了，心里暗自高兴。过了一段时间，他忽然召开了一个公开的会议，出席的全是文武高级官员，商议着要怎样开拓疆土，向哪一方面进攻。

大夫关其思说："从目前形势看，要扩张势力，相当困难，各诸侯国都是守望相助、有攻守同盟的，一旦有事，必会增强他们的团结，一致与本国为敌。唯有一条路比较容易发展，那就是向'不与中国'的胡国进攻，既可以得实利，名义上又可替朝廷征讨外族，巩固周邦。"

郑武公一听，把脸一沉反问他："你难道不知道胡国国王是我的女婿吗？"

关其思还继续大发议论，口沫横飞地说出一大套非进攻胡国不可的理由，特别强调国家大事，不可牵涉儿女私情的话。

"放狗屁！"郑武公火了，厉声斥责他："这话亏你说得出口！你要陷我于不仁不义吗？你想要我女儿守寡吗？好吧，你既然有兴趣叫人家做寡妇，就让你老婆先尝尝这滋味吧！左右！绑这家伙去斩了！"

关其思被斩的消息很快传到了胡国，国王更加感激这位岳父大人。他认为两国再也不会有战争，便放心了，之后更加纵情于声色，渐渐地连边关都松弛下来，而且郑国的情报人员也可以自由出入。

郑武公掌握了胡国军政内情，认为时机成熟了，下令挥军进攻胡国。

各大臣都莫名其妙，连忙问："大王！关大夫过去是因为劝进兵胡国而被斩首的，为什么隔不多久，又要伐胡呢？岂不是出尔反尔？"

"哈哈，哈哈……"郑武公大笑一阵后，摸摸胡子，向群臣解释："你们根本不知道兵不厌诈的妙用，这是我的'欲取故予'的计谋呀！我对胡国早就打定了主意，肯牺牲女儿嫁给他，是为了刺探其国防秘密，斩关其思也不外想坚定他的无外忧之虑的信心，使其放松防备，一到时机成熟，就出其不意，一下子就可以把胡国拿到手。"

"可是，大王，"其中一人说，"这样您的女儿不是要守寡吗?"

"关大夫说得对，国家大事，怎么可以牵涉儿女私情呢！"

果然，郑国所到之处，势如破竹，仅几个回合，整个胡国已纳入了郑国版图，那位快婿只空留一个脑袋去拜见岳父大人了。

（八）放弃固执　适时变通

人的思维是跳跃的，不是一成不变的。适时的变通是一种很明智的做法，放弃毫无意义的固执，这样才能更好地办成事情。虽然坚持是一种良好的品性，是值得称赞的品性，但在有些事情上，过度的坚持，就会变成一种盲目，那将会导致最大的浪费。一朝君主一朝臣，做人要学会变通，不能把事做得太绝。

商鞅在秦国实行变法之初，为了能取得百姓的信任与支持，便在国都咸阳的南门立了一根三丈长的木杆，声明说，谁能将这根木杆搬到北门去，便赏他十金，事小而赏重，老百姓都觉得很奇怪，谁也没有干。商鞅又宣布："能搬到北门去的，赏五十金。"重赏之下必有勇夫，有一中年汉子抱着试试看的心情给搬了过去，商鞅立即给了他五十金，以此表明他说话是算数的。接着便颁布了他变法的命令。

变法颁布了一年多，反对者数以千计，连太子也不以为然，一再犯法。商鞅说："变法的法令之所以不能贯彻执行，是由于上层有人故意反抗。"于是他便想拿太子开刀，刑之以法。可是太子是国君的接班人，是不能施刑的，结果便拿太子的老师公子度和公孙贾当替罪羊，一个被割掉了鼻子，一个在脸上刺了字。当时商鞅深得秦孝公的宠信，权势极盛，太子拿他也无可奈何。

商鞅的变法取得了巨大的成功，经过十几年的时间，秦国的国力得到极大的提升，武力得到极大的增强，由一个西部的边鄙小国一跃而成为七雄之首，秦国最后之所以能够统一中国，便是得益于商鞅奠定的基础。

然而，正当商鞅的权势如日中天之时，秦孝公死了，太子继位，为秦惠文王，他一上台，他的老师——那个被割掉了鼻子的公子度便出面告发，说商鞅想要谋反，惠文王下了逮捕令，商鞅匆匆忙忙逃离咸阳，当他来到潼关附近想要投宿，旅店的主人也不知道他就是商鞅，拒绝收留他，说道："根据商君的法令，留宿没有证件的客人是要进监狱的！"他走投无路，被抓捕，车裂（即五马分尸）于咸阳街头，家人也被灭族。

常言道："人无远虑，必有近忧。"考虑事情要周全、有远见。秦国的商鞅，作为一个改革家，在政治上是极具远见的，他的变法政策，为秦孝公以后几代秦国的国君所信守，秦国因之而强大。但他善于谋国却拙于做人，他没有想到，宠信他的秦孝公不可能陪他一辈子，未来的天下毕竟还是太子的，这样的人是不可以得罪的。

一个擅于棋道的棋手，当走出第一步棋之后，还要想到第二步、第三步如何走，走一看二眼观三，这样才能在瞬息万变的舞台上，始终立于不败之地。而商鞅却一步把棋走绝，没有给自己留下抽身退步之地。在改革大业上他是一个英雄，在如何做人上，他却是个失败者。知变与应变的能力是一个人的素质问题，同时也是现代社会办事能力高下的一个很重要的考察标准。

两个贫苦的樵夫靠着上山捡柴糊口，有一天他们在山里发现两大包棉花，两人喜出望外，棉花价格高过柴薪数倍，将这两包棉花卖掉，足以供家人一个月衣食。当下俩人各自背了一包棉花，便欲赶路回家。

走着走着，其中一名樵夫眼尖，看到山路上扔着一大捆布，走近细看，竟是上等的细麻布，足足有十几匹。他欣喜之余，和同伴商量，一同放下背负的棉花，改背麻布回家。

他的同伴却有不同的看法，认为自己背着棉花已走了一大段路，到了这里丢下棉花，岂不枉费自己先前的辛苦，坚持不愿换麻布。先前发现麻布的樵夫屡劝同伴不听，只得自己竭尽所能地背起麻布，继续前进。

又走了一段路后，背麻布的樵夫望见林中闪闪发光，待走近一看，地上竟然散落着数坛黄金，心想这下真的发财了，赶快邀同伴放下肩头的麻布及棉花，改用挑柴的扁担挑黄金。

他的同伴仍然不愿丢下棉花，以免枉费辛苦的论调；并且怀疑那些黄金不是真的，劝他不要白费力气，免得到头来一场空欢喜。

发现黄金的樵夫只好自己挑了两坛黄金，和背棉花的伙伴赶路回家。

走到山下时，下了一场大雨，俩人被淋湿了。更不幸的是，背棉花的樵夫背上的大包棉花，吸饱了雨水，重得完全无法再背，那樵夫不得已，只能丢下一路辛苦舍不得放弃的棉花，空着手和挑金的同伴回家去。

在很多时候，我们要学会变通，放弃毫无意义的固执，这样才能更好地办成事情。

（九）砺心磨志 转败为胜

尧在位时期，天下洪水泛滥，大水冲毁了田园房屋，人们只能逃到树上和山中去居住，无法种植庄稼。作为部落首领的尧心急如焚，他决心治水，但因年老只能苦心寻找能降服洪水，为民造福的能人。禹是颛顼的孙子，他勤奋敏捷，聪明能干，深受民众喜爱。接受了舜的命令之后，禹和伯益、后稷开始了治水的工程。而此时禹才刚刚成婚4天，他毅然告别新婚的妻子涂山女，投入了治水大业。

在禹之前，他父亲鲧也曾治水，鲧采用沿河堵截，拦水筑坝的方法治水，在水患不太严重的时候还行，但一有大水，则无济于事，所以治水9年，一事无成，最后被杀了。禹面对这种艰难的局面，不气馁，不后退，认真总结了父亲治水的经验和教训，虚心地向有经验的老人请教，慢慢地摸索出了疏通河床，开渠凿道，把水引导到旷野之中去的办法。

然而，治水谈何容易！当时人们不知道河水的源流、走向和地理环境，怎么去疏导洪水呢？于是禹亲自带人跋山涉水，与野兽斗，与恶劣的自然环境斗，考察山川形势，克服了各种难以想象的困难，总算制订出了治服洪水的方案。

　　但是治水依然无法进行。一些异族部落如三苗，不听劝说，拒不合作治水，成为治理水患的严重阻碍，而对此种状态，禹只好发动战争，征服了三苗。扫清了治水障碍以后，禹夜以继日地与治水群众一起大干。有一次禹路过家门，本想去看一看离别几年的妻子，这时从远处走来了一群扶老携幼的灾民，禹看见了以后，毅然转身离开赶往别处治水去了。就这样，历经失败、成功，禹治水13年三过家门而不入，最后终于消除了水患。

　　面对一次又一次的困难，禹没有被挫折吓倒，而是坚定不移地进行治水，以至于大腿不长肉，小腿也不长毛，吃尽百般苦，才换得人民拥戴他为王。所以《劝忍百箴》中讲："不受触者，怒不顾人；不受抑者，奋不顾身。一毫之挫，若达于市；发上重冠，岂非壮士！不以害人，则必自害。不如忍耐，徐观胜败。名誉自屈辱中彰，德量自隐忍中大。黥布负气，拟为汉将，待以踞洗，则几欲自杀，优以供帐，则大喜过望。功名未见其终，当日已窥其量。噫，可不忍欤！"这段话的意思是：不能忍受别人冒犯的人，发起怒来不会顾及别人；不能忍受别人压抑的人，怨愤时不会考虑自身。受到一点挫折，就好像在大庭广众之下受到侮辱，气得头发竖起来把帽子都顶了上去。不能忍受挫折，不是害了别人，就是害了自己，不如隐藏性情从旁慢慢观察胜败。名誉在屈辱中得到显现，力量从隐忍中增大。

　　人的一生之中，遇到挫折是正常的，对于挫折，要勇于接受挑战，不能因为遇上一点困难，就怒气冲天，不能忍耐。在《论语》中孔子说："一时发起怒来，不顾自身和亲戚。这难道不是发怒而忘记了自己的安危吗？"

对此，《孟子》也说："北宫黝守养自己的勇猛，觉得有一点打击就好像在大庭广众之下受到了侮辱。他平常不理睬平民百姓，也不害怕大国国王。哪个诸侯攻击他，他就马上加以还击。"

古人认为，能够屈居在一个人之下，取得君王信任的人是汤王和周武王，汉高祖效法他们能够忍耐，终于带着部下夺得了天下，建立了汉王朝，这是能伸能屈的典型。

西汉人黥布，是楚国的大将，封九江王，听从随何的劝说投降了汉王。到了汉之后，恰巧汉王正坐在床上洗脚，便召黥布进去。黥布非常生气，后悔归附汉王，想自杀。等出来后到住地，吃的、随从、居住的地方都和汉王差不多，黥布大喜过望，因为待遇超过他的想象。

这就是还没有看到他将来立的功名如何，先知道了他的气量怎样的例子。这是不能在挫折面前忍耐的人。后来黥布造反，被诛灭了。

二、谎言之利弊

（一）运用智慧　谎言活命

战国时，孙膑与庞涓同为鬼谷子弟子，共学兵法，结为异姓兄弟。庞涓为人刻薄寡恩，孙膑则忠诚谦厚。

一年，庞涓听说魏国正在高薪招贤，访求将相，不觉心动，就辞行下山。临行，孙膑相送话别，庞涓说："我与兄有八拜之交，誓同富贵，此行若有进身机会，必为兄举荐，共立大业。"

庞涓到了魏国，魏惠王见他一表人才，韬略出众，便拜为军师，东征西讨，屡建奇功，败齐一役，声震诸侯，诸侯忙相约联翩来朝，庞涓之名，惊动各国。

庞涓虽显赫不可一世，却还妒忌着一个人，那就是他的义兄孙膑，他认为孙膑有祖传的"孙子十三篇"兵法，胜己甚长，一旦给予机会，必将会压倒自己，因而始终不予举荐。

鬼谷子与墨翟交好。一次，墨翟访鬼谷子，见到孙膑，交谈之下，叹其为兵学奇才。墨翟到了魏国之后，在魏惠王面前举荐孙膑，说他独得其祖孙武之秘传，天下无有对手。惠王大喜，知孙膑与庞涓是同窗兄弟，就命庞涓修书聘请。

庞涓明知若孙膑一来，必然夺宠，但魏王之命，又不敢不依，乃遵命修书，遣使往迎。鬼谷子深通阴阳之术，算知孙膑之前途得失，但天机不可泄漏，只好在他原名孙宾上加一"月"字，改为孙膑。并给其锦囊一个，吩咐必须到危急时候方可拆看。

孙膑拜辞先生，随魏王使者下山，登车而去。见了魏王，叩问兵法，孙膑对答如流，魏王大悦，欲拜为副军师，与庞涓同掌兵权。庞涓却说："臣与孙膑，同窗结义，膑乃臣之兄也，岂可以兄为副？不若权拜客卿，俟有功绩，臣当让爵，甘居其下。"于是拜孙膑为客卿。

从此，孙、庞两人又频相往来了。但此时相处，已没有了当年的真挚。因为庞涓心怀鬼胎，欲除义兄而后快，却以孙膑熟读孙武兵法，待其传授后才下毒手。

不久，孙、庞二人在魏王面前摆演了一次阵法，庞涓不及孙膑，就怀恨在心。庞涓经过一番策划，制造了孙膑私通齐国的假象，并报告给魏王。魏王一听，大怒，乃削去孙膑官职，交庞涓监管。庞涓又进一步落井下石，私奏魏王，将孙膑的一对膝盖削去。孙膑并不知道这一切都是庞涓所为，他还为庞涓在魏王面前为自己求情而感激万分呢，就答应庞涓的要求，在竹简上刻祖传的《孙子兵法》。不料，庞涓派去照料孙膑的仆人成岸是个仗义之人，把这一切全告诉了孙膑。孙膑知道了庞涓害他，大吃一惊，兵法当然不能继续刻了，但若不刻，必死无疑。情急之中，打开了鬼谷子送的锦囊，见里面有一幅黄绢，上写"诈疯魔"三字。孙膑顿时有了主意。

晚上，饭送了上来，孙膑正举着筷子，忽然扑倒在地上，作呕吐状，一会儿又大声叫喊："你何以要毒害我？"接着把饭盒推倒在地，把写过的竹简，全扔进火炉，口里语无伦次地骂起来。看守不知是诈，慌忙奔告庞涓。

次日庞涓来看，见孙膑痰涎满地，伏地哈哈大笑，忽然又大哭。庞涓问："兄长为何又哭又笑呢？"孙膑说："我笑魏王想害我命，而不知我有十万天兵保护；我哭魏国除我孙膑之外，无人可当大将。"说完，瞪眼盯住庞涓，复叩头不已，口叫："鬼谷先生，你救我一命吧！"庞涓说："我是庞涓，你不要认错人！"孙膑拉住他的袍子，不肯放手，乱叫道："先生救我！"庞涓无法脱身，只好命左右将孙膑扯脱，才回到住地去。

庞涓回到住地，心中还很疑惑，认为孙膑很可能是作癫扮傻，想试探其真假。他命令左右把孙膑拖入猪栏里。猪栏中粪秽狼藉，臭不可闻，孙膑披头散发，若无其事地倒身卧落屎尿中。不久，有人送来酒食，说是偷偷瞒过军师送来的，是哀怜先生被刖之意。孙膑一看就知道是庞涓玩的鬼花招，怒目大骂道："你又来毒我吗？"一下把酒食打翻在地。使者顺手拾起一截猪屎给他，他拿起就送到嘴里，有滋有味地嚼着，并吞进肚里。

使者把情况汇报给庞涓，庞涓说："他已真疯了，不足为虑矣。"从此对孙膑不加防范，任其出入，只派人跟踪而已。孙膑这"疯子"行踪无定，早出晚归，一直把猪栏当作卧室。有时爬不动了，就睡在街边和荒屋中，随便捡到什么就往嘴里塞，魏国人都以为他真疯了。

这时，墨翟云游到了齐国，住在大臣田忌家里，其弟子禽滑釐也从魏国来。墨翟问他："孙膑在魏国得意与否？""可惨了，已经疯了。"禽滑釐遂将孙膑被刖膝之事说了一遍。墨翟听后大惊，说："我当时是想推荐他，没想到反而把他害惨了。"

墨翟心中明白，孙膑一定是在装疯等待机会。于是，他把孙膑的才华及庞涓妒忌之事，告知田忌。田忌又告知齐威王。齐威王听说本国有如此将才，现辱于别国，十分气愤，说："寡人即刻发兵迎孙膑回国！"田忌却说："投鼠须忌器，孙膑既不见容于魏国，又怎么容他回齐国呢？此事只可以智取，不可以硬碰。"齐威王于是令客卿淳于髡为使，禽滑釐做随从，以进贡茶叶为借口，到魏国去相机行事。

淳于髡到了魏国见过惠王，说了齐王对他的敬意，惠王大喜，把他们安顿到迎宾馆住下。随从禽滑釐私下去找孙膑。

一天晚上，找到了，见孙膑靠坐在井栏边，对着禽滑釐瞪眼不语。禽滑釐走到近前，垂泪细声说："我是墨子的学生禽滑釐，老师已把你的冤屈告之齐王，齐王命我跟淳于髡假以进茶为名，实欲偷偷带你回齐国去，为你报此刖足之仇，你不必疑及其他。"好一会，孙膑才点头，流着泪说："哎，我以为今后永无此日了。今有此机遇，敢不掬心相告。只是庞涓疑虑太重，恐怕你们带不走我。"禽滑釐说："这你放心，我已经计划好了，到起程时我会亲自相迎。"同时约好第二天碰头地点及时间才离去。

次日，淳于髡一行要回国了，魏王置酒相待，庞涓也在长亭置酒饯行，但禽滑釐已在前一夜把孙膑藏在温车里，叫随从王义穿起孙膑的衣服，披头散发，以稀泥涂面，装作孙膑的模样在街边坐着，瞒过了盯梢的，也瞒过了庞涓。禽滑釐驱车速行，淳于髡押后，很快就把孙膑载回了齐国。过了几天，那位假孙膑也偷跑回国。跟踪的人见孙膑的脏衣服散在河边，报告庞涓，都认为他已投水死了，根本没想到他回到齐国去了。

孙膑回国，仍不出名，不露面。后来赵魏交战，孙膑以"围魏救赵"之计，大败庞涓。韩魏之役，孙膑再以"增兵减灶"之计，诱敌深入，终于把庞涓射死在马陵道上。

（二）谎言背后　另有隐情

宋代，从皇帝到老百姓都爱使用谣言作为武器，以巩固自己的政权，提高自己的威望。宋真宗是玩弄这套谣言把戏最杰出的一位。

宋真宗名叫赵恒，是因为先帝太宗信了宰相赵普的话，违背"皇位传长子"这一祖训而得到皇子之位的。他登基后，生怕难服天下，又厌烦用兵进取幽州、蓟州以发扬武威，就只好靠邪门歪道来提高自己的威信。

这时候，奸臣王钦若窥伺到皇帝的心思，便进谗道："陛下既不忍劳师，不如仿行封禅镇服四海，警示外国。但自古以来，封禅应得天瑞。"真宗皇帝一听："天瑞岂可必得？"王钦若附在皇帝耳边，如此这般地耳语了一番。

次年正月的某一天，皇城司警报在左承天门屋之南角挂着一条长约二丈的黄帛，真宗皇帝立即派人前去视察真假，又对群臣谎称道："去年冬十一月间，庚寅日夜半，朕方就寝，忽然室中烨烨生光，朕深为惊讶，蓦见一神人星冠绛衣进室与朕说，来月宜就正殿建黄箓道场一月。朕自十二月朔日，已虔诚斋戒并在朝元殿建设道场，朕因恐宫殿内外反启疑言，所以未曾宣布。且今帛书下降，敢是果邀天宠吗？"撒完这一套谎，真宗皇帝便在百官簇拥下到了承天门，真宗皇帝望着天空迎风飘扬的黄帛拜了几拜，然后才命二内侍登梯敬取天书，交枢密院人开启，只见帛上写着："赵受命，兴于宋，付于恒。居其器，守于正。世七百，九九定。"天书的意思是天下归赵家，目前由真宗天子就位守业，可延续700年。

拿到这封天书后，宋真宗便到泰山封禅，又故技重演一番，去蒙骗天下黎民百姓，诱得连契丹上将军萧智可、西凉府、甘州、三佛齐、大食国、西南蕃都来贺封禅。真宗勾结奸臣伪造天书和封禅，欺骗天下百姓，自欺欺人捞了一堆政治资本。

（三）认清自己 拒绝谎言

你对别人说谎，别人也可以对你说谎。经常用谎言对付别人的人，他自己也一定会被别人的谎言所欺骗。

至于那些用谎言获得名声荣誉的人，他们的名声本来就是建立在沙滩上的大厦，一旦谎言被人识破揭穿，立刻就会声名狼藉，为人所不齿。还有那些利用欺诈行为行不义之事的人，作恶多端，早晚必然败露，结局或身陷囹圄，或人头落地。

这样的事情，古今中外也是屡见不鲜的。

墨索里尼统治意大利达23年之久，他最喜欢装腔作势、阉割真理、编造谎言。这个法西斯头子认为，宣传是一个国家政策中最重要的一部分。他曾经成立了一个宣传部，后来因为撒谎太多，臭名昭著。

墨索里尼吹牛从不脸红，在谈到意大利参加第二次世界大战的准备情况时，他吹牛几乎吓到了希特勒，这最终也给他带来了毁灭性的后果。

在整个战争时期，墨索里尼不停地吹牛撒谎。1936年8月，他宣称他可以在几小时内动员800万人，在以后的几年中，这个数字不断增加：900万、1000万、1200万。

意大利的报纸在墨索里尼的授意下，说意大利陆军在欧洲是最强大的，空军和海军也战无不胜，意大利在军事方面没有什么需要向德国或其他国家学习的。墨索里尼曾暗示过，意大利有3个精锐的装甲师团，装备最先进的重27吨的坦克。然而，这些装甲师团只存在于纸面上或墨索里尼的想象中。意大利的装甲部队只有一种仿美的3.15吨重的装甲车，上面只装备有机关枪，普通的步兵武器就能将其击穿。

战争开始的时候，意大利宣称拥有8530架飞机，而实际上却只有454架轰炸机和129架战斗机，其中大多数飞机同英国皇家空军的飞机比较起来，已经落后。

墨索里尼在1940年告诉希特勒，在必要时，意大利可以出动800万士兵，计70个师团。如果德国提供装备，这个数字还会增加。其实墨索里尼很清楚，事实与之相去甚远。意大利能够参加作战的只有不到20个师团的力量，他至多也只能动员100万人。超出这个数字，军装、军营和武器装备是无法满足的。

1940年3月10日，墨索里尼在罗马对来访的德国外长里宾特洛普说："意大利人民将全部投入到备战之中。"实际上，在意大利未参战的那段时间里，政府当局没做出任何增强军备的决定。在墨索里尼向里宾特洛普吹牛的时候，意大利只有七十辆中型坦克，没有一辆重型坦克。然而，就在"领袖"骗"元首"的时候，"元首"也正在骗"领袖"。为了稳住意大利这个盟友，希特勒在1940年年初意大利参战前告诉墨索里尼，德军已有200个装备精良的部队正准备向西线进攻，战争在当年夏季便可结束。墨索里尼听了德军的准备情况和希特勒对战局的估计后很高兴，因为他知道意大利的军队在战争中最多只能顶几个月。

希特勒有意设置这一骗局是因为他知道墨索里尼无从核查。准备不足的意大利很快输掉了这场战争，法西斯独裁者墨索里尼丢掉了性命，被意大利爱国者倒挂尸体于街头。

三、看清形势 把握时机

（一）抓住机会 有的放矢

亨利·基辛格是美国历史上第一个犹太人出身的国务卿，也是"二战"后第一个由学者而非将军、政客或律师出任这个要职的人。作为局势动荡多变的20世纪70年代的美国头号外交家，无论是谋划战略、运用策略和行使权力，还是处理与总统、国会、内阁和国务院的关系，基辛格都有独到之处，而"机会外交"就是其中之一。

尽管基辛格善于出谋划策，喜欢在国际外交舞台上进行"特技表演"，但是没有十分把握他是不会轻易登场的。他之所以在中美关系、越南问题、美苏关系等问题上积极奔走，穿梭跑动，是因为他觉得有施展自己谋略的"可能性"。相反，中东问题当时还不具备和平解决的可能性，所以基辛格没有贸然行事。

中东危机初期，由于以色列依仗英、法的支持，大规模侵略埃及，激起了阿拉伯世界的不满。在这种情况下，任何一国出面调停都不可能成功。由于没有任何把握，所以基辛格没有出击，而是坐等时机。等到埃及军队渡过苏伊士运河，突破以军防线，打破了不战不和的局面，形势发生了重大转变，埃及军队即将获得反侵略战争的胜利。

此时，基辛格认为时机已经成熟，形势已变得适于停火。于是他立即出击，频频进行"穿梭外交"，往返于中东各国，利用各种矛盾，磋商各种政治交易的"可能性"。由于基辛格的努力，中东问题暂时缓和下来，也使他在阿拉伯世界赢得了声誉。

（二）面对刁难　合理还击

1962年6月，多米尼加政府听到本国官员报告说："到美国去的多米尼加人在美国海关被没完没了地找麻烦——检查身份证总是一拖几个小时；在健康检疫已符合规定的情况下，美国人还用一些新规定来刁难人。"经外交查询，美国人的回答是："对个人身份的检查是保证国内安全的一种例行公务。我们不相信你们的检疫证明。"

为此，多米尼加国家保安局派贡萨拉斯·玛达和几个带普通护照以一般公民身份出现的助手亲自去美国体验。贡萨拉斯·玛达因为特殊身份很快通过了检查，而那几个助手却被留住刁难了几个小时。多米尼加共和国国务院为此向美国领事馆提出抗议，美国领事表示要尽快调查，但迟迟不见行动。

多米尼加国务院授权玛达办理此事。玛达接到指示决定以牙还牙。他立刻通知机场保安局："把到我国的下一批美国人全阻留在机场，检查时间狠狠地拖长，并随时向我汇报。"机场保安局非常了解玛达的意图。他们把下一批飞机上的美国人全部扣留。玛达得知后，称赞道："太好了！他们有没有外交身份当掩护？"回答："没有。他们是一个商业公司的代表团。我们已经没收了他们的护照和免役检查证，但是美国领事已亲自到这里等待处理此事，而且还大发雷霆。"

三个多小时后，玛达来到机场。他面带笑容，若无其事地敷衍着那位已经歇斯底里的领事先生。此人一见到玛达，就立即大喊："玛达，可找着您啦！他们到处找您，已经找了三个多小时啦。""出了什么事，亲爱的朋友？"玛达认真地问道。"这种检查太令人气愤了！"领事先生急呼道。"领事先生，"玛达解释，"警察只是遵照我的指令行事，您很明白我们这样做是为了国内的安全。这些人可能在来我国的途中，就已经就变成了不受欢迎的人了。况且他们的免疫检查证也不符合要求，所以我们要重新为他们进行接种注射。不过注射后要很好地休息一段时间，才能正常工作。"

这件事并没有引起两国的外交纠纷，因为美国很清楚这场教训的症结所在。以后，多米尼加人再经过美国海关时，就再没有受到刁难。

（三）见事速决 莫失良机

汉末以来，天下大乱，王室衰微，天子之身价已经暴跌，但是毕竟还是一国之主。因此拥戴天子以讨伐群雄尚不失为一个争霸天下的良策。谁先拥戴了天子，谁就会取得政治上的主动权，但像董卓之流专横暴戾，虽有此机遇，却不具备此能力。董卓之后，袁绍和曹操集团也都有智士献"奉戴天子"之策，奉迎天子之争，相当激烈。然而，当时奉迎献帝，又有着极大的风险，因此，每个集团内部都会发生争论，袁绍集团亦不例外。

袁绍出身于四世三公的大官僚家庭。在汉末群雄混战中，起初他的势力最大，曾是讨伐董卓的盟主。后地广兵多，手下谋臣武将也不少。在奉迎天子的问题上，几乎在荀彧等向曹操提出此建议的同时，袁绍的首席幕僚沮授也向他建议："主公的世家好几代都荣任辅佐皇帝的宰相，忠义之名天下皆知。如今，皇上和朝廷被迫西迁长安，宗庙遭到破坏。而全国各地州郡，虽都以勤王之名起事，但实际只求扩张自我势力，根本没人有保卫皇室、安定天下百姓之心。如今本州初定，我们已有了较稳定的力量，就应该奉迎皇帝到邺城安顿，一方面表示我们安定天下的志愿，一方面可以'挟天子以令诸侯'，堂堂正正地来讨伐不守臣节的州郡，相信没有人能抵挡得住我们。"

袁绍初听之下，也很赞同，便交付讨论办理。

审配及大将淳于琼同时表示反对，他们的理由是："汉王室衰颓已久，即使想帮，他们重建也是很困难的。如今天下群雄割据，各拥庞大军团，有道是'秦亡其鹿，先得者王'，现在应是大家公平打天下的时候了。如果把皇帝请到邺城，任何行动理当请示，这样会严重损害军事行动的机密性和机动性，得不偿失。更何况皇帝身旁还有很多公卿大臣，过分尊重他们会使我们的权力变小；不尊重他们则会有违抗皇权的麻烦，实在值得考虑。"

沮授立刻反驳道："奉迎皇帝，必得天下大义之名，这个利益对我们的发展比什么都重要。以时机而论，目前皇帝正愁没有去处，执行起来最轻松；如果不乘机行事，一定有不少人会抢着去做。通权变者从不放弃任何机会，能立大功者在于不延误时机，希望主公尽速考虑这件事。"

袁绍是个优柔寡断又怕麻烦的人，他最大的愿望是巩固黄河以北的政权，对全国性的规划也缺乏谋略，因此对沮授的建议，迟迟不敢决定。最终，曹操抢占先机，挟持了汉献帝，而袁绍终失良机。

（四）时势急变 善抓关键

蒙古的忽必烈，尽管后来即位成了皇帝，并做了元世祖。可早年他却只能以皇帝蒙哥汗（宪宗）兄弟的身份率兵征战。由于他是蒙哥汗兄弟中最堪委大任的一个，其兄便把扫平江南，一统中国的兵将交给这个能干的弟弟，命其"领治蒙古，汉地民户""乃属以漠南汉地军国庶事"，而忽必烈也果不负众望。

蒙（宪宗）二年秋七月，奉诏率师远征云南大理，以使形成对宋的包围之势。八月驻兵临洮，修利州城，命军士屯田以作攻巴长久计。三年九月壬寅，大兵至忒利地，分三路以进，十月渡大渡河，乘革囊及筏过金沙江慑降摩挲蛮王，冬十二月丙辰进至大理城，与其主段氏一同榜示安民，收复大理。宪宗八年蒙古兵大举攻宋，忽必烈奉命"统诸路蒙古、汉军伐宋"，并告"戒诸将毋妄杀"以求收揽宋地民心，减小对抗心理。八月丙戌渡淮，辛卯人大胜,一路势如破竹,至壬辰次黄陵。

就在忽必烈节节胜利时,宪宗军受阻于四川钓鱼城,连宪宗自己也中箭驾崩于敌军帐前,士气大为损伤。九月壬寅朔,始得蒙哥汗死讯和请其北归旨,忽必烈反而以"奉命南来,岂可无功遽还"相拒,统兵急进围攻鄂州城,以冀有所得好作为资本去争帝位。就在这紧要关头,他的妻子遣脱欢、爱莫干急驰到军中,告以大臣阿蓝答儿、浑都海、脱火思等人谋立阿里不哥事,急得忽必烈顾不了许多,急议退兵,令南宋使者来见,便语之曰:"汝以生灵之故来请和好,其意甚善,然我奉命南征,岂能中止,果有事大之心,尚请于朝。"连软带硬逼南宋权相贾似道结盟,在接受了宋称臣纳贡的条件后,便率心腹干将,大军而北,到斡难河滩争夺皇位去了。

第二篇

平安涉世之道

一、出门远行 时刻提防

王亨是南京扬州府人，在本府任吏员，第二次考绩已满，被派上京办事。他家很穷，那时上京办事得花钱，他只好向亲朋借了十多两银子，一个人踏上了去长安的路。

他刚到长安，要上厕所，看到教军场边的草坪无人，就想在此大便。他刚脱下裤子，忽然被两个恶棍拿住，一边强制剥去衣物，一边骂他："你这贼，偷了我的衣物，还不还来！"这样把他的衣服和银子都抢到手，逃走了。等王亨起来，系好腰带再追赶，两个恶棍已经逃远了。王亨拼命追赶，但他这些天走了长路，本来已经很疲倦，哪里还能追得上呢？

王亨悔恨极了，只能找到同乡会馆说明情况，乞求借盘缠回家，另做打算。

一个人外出，一定要在僻静无人处提防坏人打劫，就是解手的时候，也应该小心。解手时，可以将银钱挟在腋下。此时如遇坏人抢劫，就可以起来逃去，也可以与坏人交战。如像王亨那样，不知提防，就会被恶棍尽剥一空，可怜王亨，连路费都丢尽了，如果不是到同乡会馆借到钱回了家，几乎要沦为乞丐了。

陈栋，山东人。多年来常去福建建阳府一个叫长埝的地方贩卖机布。万历十二年（公元1604年）春天，他带着两个仆人，随身带着一千多两银子，又去长埠卖布。路上遇上一个骗子，窥见他带的银子多，欲有所图。见陈栋是个闯荡江湖多年的老练商人，每天天大亮后才赶路，不等太阳落山即投宿，防范甚严，难以动手。便心生一计，诈称自己是福建分巡建南道长官的公子，气派风度，无一不像，带着4个仆人，一路与陈栋同行同住，但并不与陈栋搭话，陈栋也未理睬他。

一直走到江西铅山县，在县里任县丞的官员，姓蔡叫蔡渊，是广东人。与福建分巡建南道长官是同府异县的老乡，但从未见过面。那骗子主动前往拜访。县丞听说是巡道的公子来了，相待甚厚，来旅店回访，并送了一桌丰盛的酒菜来。陈栋见到县丞来拜访，心中相信那骗子是真正的公子。当天晚上，那骗子就以县丞送来的酒菜做东，邀请陈栋，陈栋欣然前往赴宴，但心中还未完全丧失警惕，不敢无所顾忌地痛饮；骗子仍是下不得手。第二天，住在乌石这地方，这地方不是个热闹的口岸，陈栋想置办酒席回礼，也没东西可买，只得作罢。

又过了一天，到了崇安县，陈栋心想：这里到长埠已是不远了，就好比快要回到在外的故居一样。再说明天就要与公子分手了，不回敬人家也显得太没礼貌了，于是买下酒菜回请那假公子。那骗子对陈栋说："咱们同船过的江，也不是偶然，看来还是有缘分。与您一路同行，这不是缘分是什么？明天就要与您分手了，各奔东西，不知什么时候才能再见，让咱们喝个痛快。"一喝喝到三更天，仆人们都困得睡熟了，陈栋本人也醉得厉害，趴在桌上昏昏睡去。那骗子乘机把陈栋的财宝尽数偷去。

等到陈栋一觉醒来骗子早已不知去向。他立即到崇安县衙门告店家与骗子串通一气，接着又到江西广信府，告铅山县县丞与骗子合伙行骗，并拉当地旅舍主人为证。那县丞申诉说："福建巡道的确是我同府异县的老乡，这人姓什么叫什么，我是早知道的，但我从未见过他家公子，他有名有姓地来拜见我，我只是一个小小县丞怎么能不回访？不送他点钱路上用？如今你们在崇安出的事，离开铅山已有数天的日程，他偷了你的银子跑了，与我有什么关系？"陈栋说："那骗子一路与我同行，我一直十分提防他。他去看你，你来回访，我才相信他是个真公子，才落入他的圈套。这个骗子你是认识的，怎么能不告你？"广信府难以判决谁是谁非，陈栋又往上告到官员史大巡处。史老爷判决：县丞不该回访那假公子，并轻率地送他酒菜，致使客商有所误会，应承担一定责任。审定罚银一百两，给陈栋做回家的盘费。陈栋也只得拿了这一百两银子，怏怏不乐地回家去了。

二、赏善罚恶 明察秋毫

元植，很是有些钱财，而且处世温良，行事严谨，不知是一件什么事情，他偶然得罪了同乡有权有势的赖苟，这赖苟就吹毛求疵地挑元植的毛病，罗列了他的"十大罪状"，甚至诬陷他害死了人。因为执法断案的叶推官素来与赖苟交往甚密，所以他接到赖苟的诉状后并未质疑，只想尽快把这案子了结。

叶推官令下人把元植提上大堂，对他说："你的罪状，我已经都知道了，"他扬了一扬手中的状纸，"该是何等罪名，这是很清楚的。只是，我知道你们家很有钱，我警告你别去花银子打通关节；假若是有这类行径，那你的罪行只能是有增无减。"说罢，他让下人将元植押入大狱，等把被害人家属找来，就可定罪了。

这叶推官素来为人廉正，再加上他又当面警告了元植不能打通关节，所以元植确实是没敢轻举妄动，没走什么路子，待在狱中企求有一明断。

没想到，他们乡里有一位姓易的乡官，过去与元植的关系一直很不错，他了解元植的为人，深知他是被小人陷害了。情急之中，易乡官悄悄找到了知府大人，托请他向叶推官说说好话，找机会为元植说说情。

知府找机会向叶推官表达了这一意思。叶推官当面没说什么，心里可老大不高兴了：我早就叮嘱过你元植，别去花银子打通关节，可你还是这么干了，竟托到了知府大人的头上！叶推官越想越气，回去后，把元植提到大堂上，命令左右再给他吃一顿大棍，并且斥责道："我早就嘱咐过你，不要去干那花银子打通关节的勾当，你可倒行，反央求了知府大人说情。如此肆无忌惮之人，我岂能轻饶？看我给你判一个流刑！"

元植原本是在狱中老老实实地等着明断，对这所谓"央求了知府大人说情"一事，一概不知，他听罢叶推官一番斥骂，将头磕得如捣蒜一般，连声申诉："您大老爷从来不受私贿，这上上下下是都已知悉的；再有，您上次又当面嘱咐我别去打通关节，这事我怎么敢忘？我实实在在不知这事从何说起。请大老爷明察。"

叶推官听了这一番辩解，知道一下子难以搞清了，挥挥手命令道："且把犯人押入监牢，反正罪过是轻不了！"

元植回到监所，找人来查究事情根底，这才弄清原来是好友易乡官所为，易某倒是出于好心，出面托了知府大人，并且不让元植知道的。事已至此，总得找出个解决的办法来。万般无奈，元植想到了叶推官手下的文书凌某人。托人请凌某来，元植说："先生能帮我一把，让我那罪减下一等，我一定拿厚礼相谢！"凌某是官面上的老手，答应得倒也快捷："这样吧，你先拿一百两银子来，我来思谋着帮你成事。"元植连忙说："行，行。"然后叫家人暗地里给凌某送上了银子。

叶推官断案，自然要找他的文书凌某。对元植一案，叶推官吩咐道："你给我找一条判重罪的条律来！"凌某早已有准备，故意找来一条绞刑的律例呈上，叶推官说判绞刑太重，只可流放，叫凌某再找合适的。过了一天，凌某又呈上一条律例，仍旧是判以绞刑的，并且解释说："这元植的罪过中，只有谋害亲弟一条最重，只应判绞刑，其他几条罪，只当判徒刑，又不够判流放。"

叶推官闻言，寻思道：这元植，说起来远没够上绞刑罪，只得说："便宜他了，就判徒刑吧。"

不几天，元植的案子结下来了：3年徒刑。他当然知道这是凌某从中做了"工作"的结果，凌某受了那一百两银子的贿赂，也以为是"理所应当"。只是叶推官被蒙在鼓里，他哪里知晓，他手下的官吏，在外受了贿赂，在内又耍了手腕呀！不过这元植也是真的倒霉，一个行事严谨、温良正直的人却因打理关系被判了刑。

由此事可知，衙役若想欺骗他的长官，实在是太容易了，世人一定要警惕才是。

善良的要表彰，行恶的要捉拿，这是官府行善惩恶的一大机能。如今受表彰的多是靠嘴皮子上的功夫，被捉拿的多是受权贵的唆使，这效用就去一半了。不过还多亏有捉拿查访这一招，还算可以让那些刁民稍稍害怕，让那些良民稍稍出口气。只是被察访的人有没有罪，有多大罪，全看官员的良心，权吏的手腕，罪行与惩处不符的，也实在太多。当官掌权的人，如果遇见大案要案，一定要详细审讯，明察秋毫，沉稳果断，才可不受手下人欺骗。

三、时刻小心　谨防意外

　　义纵是山东人。年少时，和张次公一起从事拦路打劫的勾当，投身于盗贼之列。他有一个姐姐叫作拘，拘因医术高超受到王太后的宠爱。有一次她去拜见王太后时，太后说："你的兄弟当中有人想做官吗？""我有个弟弟，只是不太长进，大概也无法胜任吧。"虽然事出意外，但若能得到特别恩宠，也是身为姐姐所希望的。太后向武帝说后，任命拘的弟弟义纵为中郎（侍从官），并补任上党郡的县令。的确，倘若能有个有力的亲戚撑腰，要做官就易如反掌了。

　　义纵上任后实行严厉管理，因其政策全无宽容赦免的余地，所以县内也就没有人敢不缴纳租税，政绩评定为第一等，其后晋升为长陵和长安的县令。上任后他依然采用严刑苛法，而不斟酌考虑具体情况，即使是皇亲贵族他也一样不客气。有一次因为敢于逮捕太后的女儿——修成君之子仲来审问，武帝认他有才能，就让他转任河内的都尉。

　　事实上，大概义纵已预先察觉武帝的意向，顺着武帝所希望的情况办事，所以，才能获得武帝的赏识，义纵一赴任，就找到借口，将当地的豪族——穰氏全部杀掉，河内的人大为惊慌，也就没有人敢在路上捡到东西据为己有，这就是实行法治之前的由义纵实施的恐怖统治。

但是，他也没有忘记组织自己的亲信，曾经同为盗贼伙伴的张次公，顺理成章地成为义纵的引出郎（侍卫官）。由于张次公十分勇猛，就被吸收编入军队，碰巧立下了些许功劳而被封为岸头侯。还有宁成，原本无所事事在家闲荡，也因义纵的举荐，武帝想用他为郡太守。但御史大夫公孙弘却反对："我还在山东当地方官吏时，宁成是济南都尉，但他所实施的方法，就像狼在管理一样，非常恐怖，所以，不能让他做官。"于是武帝只好让步，改任宁成为关都尉。不过一年的工夫，关东的官员、部属和郡国的平民就对出入关的人说："宁可出门碰见老虎，也不要触犯宁成，让他发怒。"借着他的威猛，宁成也成为义纵有力的党羽之一。不过，后来，由于关系破裂，义纵任南阳太守时，借口调查宁成，除了追杀灭族，宁成也被判刑。

后来，义纵又借法律逼迫孔氏、暴氏两大家族，两大家族举家逃亡之后，就没收他们的财产。无论什么人都会偶尔做错事情，因此，南阳人人心惊胆战，不敢轻举妄动。杜周这时也以其旺盛如暴风般的威猛，成为义纵的爪牙，并列为亲信。最后终于成功地登上御史大夫的宝座。

正当此时，对付匈奴的征讨军再三出击定襄，定襄情势极为混乱。于是，义纵转任定襄太守。义纵一上任，不分罪行轻重，捉了两百多人关进定襄的牢狱。连同这些人的亲友、弟兄，偷偷进出狱中探监的约有两百多人也一起被捕。义纵说："不抓探监的人，死罪者会企图越狱逃走。"几天之内总计杀了四百多人，自此以后，定襄的百姓一听到义纵的名字就不寒而栗。

狡猾的人是借着恐怖统治壮大自己的声势。义纵宛若老鹰张开羽翼狙击猎物般，一味高压苛酷统治，直到当上右内史，才初尝失败的滋味。武帝临行至幸鼎湖时，因为生病，在病榻上养病，病愈后，一天出游到甘泉，由于事前准备不足，在前往甘泉的路上，武帝玩得并不愉快，他就生气地说："义纵大概以为我再也不会通过这条路了吧！"就连义纵也万万没想到武帝会死于太湖。也因此，义纵失去了原有的地位。虽然义纵失势了，可是他的党羽却丝毫没有动摇。

四、事有正反　谨小慎微

古时，弥子瑕受卫君宠爱。卫国的法律规定随意搭乘君王车子的人，要受切断双脚的刑罚。有一天，弥子瑕的母亲生病了，夜里有人偷偷地让弥子瑕知道了这件事。所以，弥子瑕为了探病，就假冒君王的命令，坐上了君王的车去探病。后来卫君听了却夸赞说："真是孝顺啊！为了母亲而忘记自己会受到断脚的刑罚。"

还有一天，弥子瑕与卫君在果园里散步的时候，她试吃的桃子相当甜。弥子瑕没有把桃子吃完，而把吃了一半的桃子给卫君吃，卫君感激地说："你可真爱我啊！自己想吃还忍住让给我吃。"

不久弥子瑕人老色衰了，失去宠爱，而这两件事却成为蒙骗君王的把柄。卫君反过来说："她正是伪造我的命令坐我车子的人，还会把吃了一半的桃子给我吃。"这么说，弥子瑕就不可饶恕了。

五、利用时间 调节情绪

应付顽固者最好的方式是先听他的论调，改日再反驳。

一般的推销员在处理发牢骚的顾客时，常以改变人、地、时，来接受顾客的抱怨，业务主任和股长们常对他们说："在这里，我们不方便听您的意见。"于是把顾客带到另一个房间。在与情绪激动的顾客交谈接触时，最好跟他说："我们先详细调查后，再通知您吧！"借着时间的延长，来缓和紧张的气氛，可以避免得罪对方。

六、处心积虑　滴水石穿

　　汉景帝即位的第二年，太皇太后死了，薄皇后也跟着遭到了噩运。景帝从来就不爱这个皇后，是由祖母做主婚配的，看在太皇太后的面上，才维持着皇后的名位。太皇太后一死，景帝立即以薄皇后没有生育不配正位中宫为借口，把她废黜了。

　　中宫虚位以待，大家都在猜测，谁最有希望继承宝座。其中欲望最为强烈的莫过于栗姬了。她想，皇帝曾同自己有约，生子当立为储，何况儿子刘荣又是长子，一旦儿子被立为太子，皇后宝座则非己莫属。但是，很快她就发现，王美人大有后来居上的趋势。王美人为达目的，设法使尽各种歪招，即使引火烧身也在所不辞。

　　封建王朝，把立太子视为国本，异常重视。景帝也一样，为此事用心良苦。在刘荣和刘彻之间，取谁舍谁，他颇为踌躇。立长子本来顺理成章，但刘彻相貌英武，聪明可爱，他想立刘彻，又怕栗姬哭闹，更怕众大臣反对。

　　这件事一拖就是两三年，到前元四年在大臣们的一再催促下，加上栗姬用足了功夫，他才下决心册立刘荣为皇太子。同时，又封才四岁的刘彻为胶东王。栗姬以为儿子做了太子，自己坐上皇后宝座，领衔六宫粉黛便是指日可待的事情了。立太子的第二年夏天，一天午后，王美人略感身子不适，懒洋洋地躺在绮兰殿休息。忽听宫女来报："长公主驾到！"她一骨碌翻身坐起，整了整衣衫云鬟，打起精神出门迎接。

馆陶长公主刘嫖，是汉景帝的同胞姐姐，因姐弟之间从小亲昵惯了，景帝即位之后，她仍经常出入宫闱。由于窦太后的宠爱，景帝的纵容，使这位长公主在汉宫中成为一个不可小视的人物。王美人进宫之后，十分巴结长公主，两人关系日益亲密，竟至无话不说。

这天，长公主进宫看望王美人，还带着女儿陈娇。刘嫖的丈夫陈午是开国功臣陈婴的孙子，袭爵堂邑侯。王美人一看到陈娇，便极口夸奖陈娇聪明美丽，又命内侍领出儿子刘彻，让两个小孩做伴一起玩耍。

叙了一会，不觉已是黄昏。长公主起身告辞，看见窗外院子里，一对幼童依偎在鱼池边，唧唧哝哝，十分亲密的样子，她不禁脱口而出："好一对佳儿佳媳！"王美人一听，乘机说道："阿娇堪配太子为妃，只恐我儿无福，不能得此佳妇。"这句话，王美人是故意说给长公主听的。果然，长公主沉下了脸，冷笑着说："废立乃是常事，焉知太子名位已定？她既不识抬举，我也顾不得许多了！"

原来，不久前长公主曾向栗姬提亲，欲把陈娇许配给太子刘荣，但被栗姬婉言谢绝了。长公主提出："把阿娇许配胶东王刘彻吧，看他俩青梅竹马多要好！"这正中王美人下怀，一口答应下来，令刘彻拜见丈母娘。长公主越看越喜爱，一把携住刘彻，将他抱在膝上，抚摸着他的头，问："儿愿娶媳妇吗？"刘彻虽然才五岁，却十分聪明伶俐，他只是看着长公主嘻嘻笑着不说话。长公主故意指着一名宫女，问他是否合意，他摇头。长公主又指向阿娇，问："阿娇做儿妇可好？"刘彻答道："若得阿娇为妇，当筑黄金屋贮之！"长公主一听，心花怒放，当下便同王美人议定了亲事。

景帝起初不太同意这门婚事，认为刘彻年纪还小，况且阿娇还比刘彻大几岁。但听到王美人告诉他刘彻"金屋藏娇"的许诺，不禁大笑起来，心想这小小的孩子就懂这些，怕是天定的缘分，就同意了。

一天，窦太后在长乐宫举行家宴，为入朝觐见太后的梁王洗尘，景帝和长公主也陪坐在侧。席间，太后问起册立皇后之事因何迟迟未决。景帝答道："拟立栗姬为后，不日即行封后大典。"长公主一听急了，连忙进谗道："栗姬生性忌妒，独霸后宫，容不得皇帝召幸别的美人。每与诸夫人会面后，往往以恶语相咒。"太后素来相信自己的女儿，便训诫景帝说："若得此悍妇为后，恐又重演'人彘'惨祸了！"景帝听了也有些动心。

散席后，他到栗姬住的宫院，故意用话试探栗姬道："朕千秋万岁之后事，后宫诸位夫人若有生子者，你将如何对待？"栗姬这几天正因长公主同王美人联姻一事不高兴。她生性嫉妒，当初拒绝长公主就是因为恨她经常把美人进献给景帝，不料王美人乘机捡了便宜，她预感到自己已处于不利的地位。今见景帝问这话，她猜想一定有人在背后说了她什么，不由得心中恼火，脸上露出怒色。

景帝等了好久，见她拉长了脸，不理不睬，十分气恼，咳了一声，抬脚就走。随后他好像听见身后传来怒骂声，更加生气。

从此，他就不再走进栗姬的宫院。

长公主处心积虑要让王美人当上皇后，常常进宫在景帝面前说她母子的好话，无非是讲王美人如何谦虚有德，胶东王如何聪明仁孝。加上后宫妃嫔宫人，大多受过王美人的好处，众口皆碑，使景帝越发相信王美人的贤德了。

一年多过去了，册后之事仍然悬而未决。忽然有一天，大行礼官上殿奏请，说是母以子贵，如今太子生母栗姬尚无位号，应立即册封为皇后。景帝一听大怒，斥道："如此大事，岂容你们这些人议论？"他怀疑是栗姬指使礼官提出来的，竟不容分说，立即下诏将刘荣的太子之位废掉，贬为临江王。太子的师傅、魏其侯窦婴等再三劝谏，说太子并无过失，废之不当。景帝就是不听。他一向刚愎自用，最讨厌别人对他提什么建议，更何况此时的他，已对栗姬怀有深深的厌恶感了。他哪里会想到，这件事又是王美人搞的鬼。

王美人蓄意争夺宝座，谋划在胸，她见长公主多次进谗，景帝日渐怨怒栗姬，知道已到火候，于是又使出一计，派心腹太监去找大行礼官，嘱他向皇帝奏请立栗姬为后，以此激怒景帝。果然一举成功。

失宠多时的栗姬已经抑郁不欢，儿子的太子之位被废，使她受到沉重打击，从此一病不起。

前元七年（公元前150年）四月，刘荣被立为太子3年之后，景帝又下一道诏书废黜，同时册立王美人为皇后，胶东王刘彻为皇太子。诏书一下，犹如一道催命符，立即要了栗姬的命。

七、不知进退　性命不保

唐代安史之乱爆发，唐玄宗在西逃的过程中，太子李亨在群臣拥护下，于灵武即皇帝位，是为肃宗。在艰难之际，肃宗之子李俶、李琰立有大功，其正妻张皇后及宦官李辅国因拥立有功而相表里，专权用事，谋废李琰，拥立李俶为太子。

在争权的过程中，张皇后与李辅国发生冲突。公元762年，肃宗病重时，张皇后召太子李俶入宫，对他说："李辅国久典禁兵，制敕皆以之出，擅逼圣皇（唐玄宗），其罪甚大，所忌者吾与太子。今主上弥留，辅国阴与程元振谋作乱，不可不诛。"太子不同意，张皇后只好找太子之弟李系谋诛李辅国。此事被另一个重要宦官程元振得知，密告李辅国，而共同勒兵收捕李系，囚禁张皇后，惊死肃宗，而拥立太子继皇帝位，是为唐代宗。

李辅国拥立代宗，志骄意满，对代宗说："大家（唐人称天子）但居禁中，外事听老奴处分。"听到这种骄人的口气，代宗心中不平，但因其手握兵权，也不敢发作，只好尊他为"尚父"，事无大小皆先咨之，群臣出入皆先诣。李辅国自恃功高权大，也泰然处之，孰知代宗除他之心已萌。

在拥立代宗时，程元振与李辅国合谋，事成之后，程元振所得不如李辅国多，未免有些怨恨，这些被代宗看在眼里，也记在心上。于是他决定利用程元振，寻机罢免李辅国的判元帅行军司马之职，终以程元振代之。李辅国失去军权，开始有些害怕，便以功高相邀，上表逊位。不想代宗就势罢免他所兼的中书令一职，赏他博陆王一爵，连政务也给夺去。

此时，李辅国才知大势已去，悲愤哽咽地对代宗说："老奴事郎君不了，请归地下事先帝！"代宗好言慰勉他回宅第，不久，指使刺客将他杀死。

代宗用间其首领的方法，很快地除掉李辅国，但又使程元振执掌禁军。程元振官至骠骑大将军、右监门卫大将军、内侍监、邠国公，其威权不比李辅国差，专横反而超过李辅国。程元振不但刻意陷害有功的大臣将领，而且隐瞒吐蕃入侵的军情，致使代宗狼狈出逃至陕南商州。一时间，程元振成为"中外咸切齿而莫敢发言"的罪魁。因禁军在程元振手中，代宗一时也不敢对他下手。就在此时，另一个领兵宦官、观军容处置使鱼朝恩领兵到来，代宗有了所恃，便借太常博士柳伉弹劾程元振之时，将程元振削夺官爵，放归田里，算是除掉程元振的势力。

程元振除去，鱼朝恩又权宠无比，擅权专横亦不在程元振之下。如果朝廷有大事裁决，鱼朝恩没有与闻，他便发怒道："天下事有不由我乎？"已使代宗感到难堪。鱼朝恩不觉，依然是每奏事，不管代宗愿意不愿意，总是逼迫代宗应允。有一次，鱼朝恩的年幼养子鱼令徽，因官小与人相争不胜，鱼朝恩便对代宗说："子官卑，为侪辈所陵，乞赐紫衣（公卿服）。"还没有得到代宗应允，鱼令徽已穿紫衣来拜谢。代宗此时苦笑道："儿服紫，大宜称。"其心更难平静，除掉鱼朝恩之心生矣。借一宦官除一宦官，一个宦官比一个宦官更专横，这不得不使代宗另觅势力。代宗深知，鱼朝恩的专横，已经招致天下怨怒，苦无良策对付。正在此时，身为宰相的元载，"乘间奏朝恩专恣不轨，请除之"。代宗便委托元载办理剪除鱼朝恩的事，又深感此计甚为危险，便叮嘱道："善图之，勿反受祸！"元载不是等闲之辈。他见鱼朝恩每次上朝都使射生将周皓率百人自卫，又派党羽皇甫温为陕州节度使其握兵于外以为援，便用重贿与他们结交，使他们成为自己的间谍，"故朝恩阴谋密语，上一一闻之，而朝恩不之觉也"。有了内奸，就要扫清鱼朝恩的心腹。元载把鱼朝恩的死党李抱玉调任为山南西道节度使，并割给该道五县之地；调皇甫温为凤翔节度使，邻近京师，以为外援；又割兴平、武功等四县给鱼朝恩所统的神策军，让他们移驻各地，不但分散了神策军的兵力，还将其放在皇甫温的势力控制下。鱼朝恩不知是计，反而误认为是自己的心腹驻扎要地，又扩充了地盘，也就未防备元载，依旧专横擅权，为所欲为，无所顾忌。

李抱玉调往山南西道，他原来所属的凤翔军士不满，竟大肆掠夺凤翔坊市，数日才平息这场兵乱。军队不听话，根源在于调动，鱼朝恩的死党看出不妙，便向鱼朝恩进言请示，鱼朝恩这才感觉有些不好，意欲防备。可是，当他再去见代宗时，每次代宗依然恩礼益隆，与前无异，便逐渐消除了戒备之心。

一切准备就绪，在公元770年的寒食节，代宗在宫禁举行酒宴，元载守候在中书省，准备行动。宴会完毕，代宗留鱼朝恩议事，开始责备鱼朝恩有异心，图谋不轨，谩上悖礼，有失君臣之体。鱼朝恩自恃有周皓所率百人护卫，强言自辩，"语颇悖慢"，却不想被周皓等人擒而杀之。宫禁中所为，外面不知。代宗乃下诏，罢免鱼朝恩观军容等使，内侍监如故；又说鱼朝恩受诏自缢，以尸还其家，赐钱六百万以葬。而后，又加鱼朝恩死党的官职，安顿禁军之心，成功地剪除了鱼朝恩的势力。

代宗借元载之力除掉鱼朝恩，元载"遂志气骄溢；每众中大言，自谓有文武才略，古今莫及，弄权舞弊，政以贿成，僭侈无度"。久而久之，自然也招致代宗不满，代宗曾对李泌说："元载不容卿，朕匿卿于魏少游所。俟朕决意除载，当有信报卿，可束装来。"元载也非善辈，有所耳闻，深知代宗对他有成见，便深谋自固。他内与宦官董秀相勾结，借以刺探代宗的意向；外使百官论事自告长官，长官告之宰相，再由宰相上闻，欲控制各方面的信息，尤其是不利于自己的信息，更是上下其手匿而不闻。以此，元载居相位15年之久，"权倾四海"之后，也不免"恣为不法"。于是"贿赂公行""侈僭无度"，家中"婢仆曳罗绮者一百余人"，贪污更甚，家中仅调味用的胡椒就有800石之多。

十余年的宰相，其势力也是盘根错节的，代宗"欲诛之，恐左右漏泄，无可与言者"，于是找自己的舅舅吴凑密谋。在公元777年，代宗先杖杀董秀，断绝元载内廷信息通道；然后命令吴凑前往政事堂抓捕元载及其党羽，逼令元载自杀，又除去了元载的势力。

八、三思而行　谨防上当

福建建阳人邓招宝者，常以挑贩为生。一日，贩小猪四只，往崇安、大安去卖，行至马安岭上，遇一棍问他买猪。宝意此山径僻冷无人往来，人家又远，何此人在路上买猪？疑之，因问其何往。

棍曰："即前马安牢也。"

宝曰："既要买，我同你家去。"

棍曰："我要往县，你拿出与我看，若合吾意，议定价方好回家秤银；不然恐阻程途矣。"此棍言之近理，宝即然之，遂拿一猪与看。棍接过手，拿住猪尾放地上细看，乃故放手，致猪便走。佯作惊恐状曰："差矣，差矣！"即忙赶捉——不知赶之正驱之也。

宝见猪远走，猛心奔前追捉，岂知已堕其术也。棍见宝赶猪，约离笼二三百步，即旋于笼内拿一猪在手，又踢倒二笼，猪俱逃出，大声曰："多谢你，慢慢寻。"宝欲赶棍，三猪出笼逃走，恐因此而失彼；况棍走远难追，但咒骂一场。幸得三猪成聚，收拾入笼，抱恨而去。

九、偷龙转凤 惩治恶人

　　唐朝时，宁王有次到鄠县边界打猎，在林中搜索时，忽然发现草丛中有一个柜子，被锁得很严密，叫人打开来看，竟然是一个少女。问她是从哪儿来的，少女自称姓莫，父亲也曾当过官，昨晚遭到盗贼洗劫，其中有两个是和尚，他们把她劫持到这儿。

　　这名少女幽怨地说着，姿态娇媚动人，宁王又惊又喜，就用车载她回去。当时正好活捉一只熊，就将熊放入柜子，锁上。回去后，正好皇帝在寻求美女，宁王认为莫氏是官宦人家的子女，就写奏表给皇帝，说明详细的经过。皇帝也让莫氏在宫中当"才人"。

　　过了三天，京兆府上奏说一饭店有两个和尚，以一万钱独自租下一个房间一天一夜，事先说是要做法事，却只抬进一个柜子。到了半夜，房中闹出很大的声音，店主觉得奇怪，日出以后，两个和尚也未开门，店主只好进房去看，发现一只熊冲向人群，而两个和尚已经死了，骨肉都暴露在外。

　　皇帝知道以后，大笑，写信告诉宁王说："大哥真会处置这两个和尚。"莫氏擅长创作歌曲，当时的人称为"莫才人啭"。

　　还有一个故事也说明了这个道理。

　　城西驿站往上游走，至建溪，陆路是一百二十里，通常雇轿子的价钱仅需一钱六分银子。如果是行人稀少，还可减少至一钱四分或一钱二分，亦有人抬的，只是这些轿夫要先付轿钱，轿钱一到手，便五里一放，三里一停，稍稍有点小坡，就要放下不抬。客人大抵是三分之二的路程坐轿，三分之一的路程自己走。凡是往来的客人，没有不吃这些轿夫的亏的。

要是到了科举考试的时候，应考的读书人回家，轿子的价钱便会一下涨到二钱四分，至少也得要二钱。并且不先给银子不抬。而只要银子一揽到手，抬不到二十里，就会转手给别人，自己得了高价，给别人却拼命往下压，至多只按一分银子一站路程给别人。这些人自然也不会好好抬轿，仍旧是五里一放，三里一停，动不动就说："我又没按时价拿高价。"那些念书人没有办法，只好又重新掏出钱来。这些读书人从这条路走的机会毕竟不多，大多不与这些无赖计较。

有个任提控的小官吏，经常从这条路上走，常被这些轿夫刁难。窝了一肚子火，总想报复一下。一天，他又要到县上去，上路前先在两张纸上，写了四句嘲讽诗，用方形的纸包好，再找来两个破扫帚把，把边截齐，用绵纸包上、封好，像是两匹锦缎的样子。第二天一早，他就自己背着这些东西上路了。轿夫们争着来抬他。提控说："我有紧急事要回家，身上没带现钱。谁愿送我送到家门口，给轿钱二钱银子，并赏给你们今天晚上和明天早上的酒饭。如果是要现钱或是转雇他人，就请免谈。"众人中有两个轿夫同意了，于是，提控先把那两封"锦缎"捆在轿子上，并千叮万嘱地说："仔细放好，别弄坏了。"叮嘱完了，这才起轿，上轿后对轿夫说："我在回窑街要给人寄个急信，到了那儿，你们等一等，千万别忘了。"不到午后时分，已到了回窑街。提控说："你们在这稍等一等，我去寄了信就来。"说着下轿走了，其实是悄悄走小路溜回家去了。

过了一顿饭的工夫，那提控还未回来。那两个轿夫互相说："他坐着说话不觉得长，这不有两匹绸缎在此，咱们跑吧，干吗要等他？"于是两人快步如飞，到了傍晚时回到了自己家里。一个轿夫说："咱俩各拿一匹缎子走。"另一个轿夫说："如果这两匹缎子不一样，那还得调剂调剂。"两人撕开绵纸，一层又一层的，撕到最后，却是两截破扫帚把，又各有一个方包，像是书信，拆开一看，只见纸上用大字写着一首诗："轿夫常骗人，今也被我骗；若非两帚柄，险失两匹缎。"

两人气得在家大骂道："骗子，真是个骗子！"住在附近的轿夫听见了来问是怎么回事，什么骗子？这两个轿夫一五一十地叙说了一遍，那些轿夫都大笑着出了门。有人把那两截破扫帚把挂在院子里栅杆上，又把那两张嘲讽诗贴在旁边。看见的人念了嘲讽诗，又看看破扫帚把。都大笑着说："这个提控当然是善于行骗，只是你们这两个抬轿子的也不该起歹心。知道这是节破扫帚把，才敢这么张扬骂人；如果真是绸缎，你们恐怕是唯恐别人知道，那位相公还能找你们要不成？这是你们的不是了，怎么能骂人家呢？"

过了三天，提控返回时，看见那嘲讽诗还贴在栅杆上，就问住在边上的人说："前天人托给我两匹绸缎，被两位轿夫抬走了，你们也听了这事了？"别人一听，便知道他就是那位愚弄轿夫的提控，便说："你也别找你的'绸缎'了，那轿夫也不敢出面来找你讨轿钱了。"提控听了，大笑着走了。

十、提高警惕 谨慎无错

（一）聂道应，别号西湖，邵武六都人，家原富原，住屋宏深，后因讼耗家，以裁缝为业。

忽一日往人家裁衣。有一光棍见客人卖布，知应出外，故领到应家前栋坐定，竟入内堂，私问应妻云："汝丈夫在家否？"其妻曰："往前村裁衣。"棍曰："我要造数件衣服，今日归否？"对曰："要明日归。"棍曰："我有同伴在你前栋坐，口渴，求茶一杯吃。"应妻即讨茶二杯，放于研凳上。棍将茶捧与布客饮。饮罢，接杯入，方出拣布四匹，还银壹两，只银不成色。客曰："此价要换好银。"棍曰："我儿子为人裁衣，待明日归换与你。"言未毕，棍预套一人来问："针工在家否？"棍应曰："要明日归。"其人即去。布客曰："你收起布，明日换之与我。"客既出，少顷棍亦拖布逃去。

次早，布客到应家问曰："针工归否？"应妻曰："午后回。"布客次早又问："针工归否？"应妻又曰："今午回。"布客午后又来问，应妻曰："未归。"布客怒曰："你公公前日拿布四匹，说要针工归来还银，何再三推托？你公公何去？"应妻道："这客人好胡说！我家哪有公公，谁人拿你布？"二人角口大闹。邻人辩曰："她何曾有公公？况其丈夫又不在家，你布不知何人拿去，安可妄取？"

布客无奈，状投署印同知钟爷。状准，即拘四邻来审。众云："应不在家，况父已死，其布不知甚人脱去。"钟爷曰："布在他家脱去，那日何人到他家下？着邻约为之穷究，必有着落矣。"邻约不能究，乃劝西湖曰："令正不合被棍脱茶，致误客人以布付棍，当认一半；布客不合轻易以布付人，亦当自认一半。"二家诺然，依此回报。钟爷以邻约处得明白，俱各免供。

（二）建宁府凡换钱者，皆以一椅一桌厨列于街上，置钱于桌，以待人换。午则归家食饭，晚则收起钱，以桌厨寄附近人家，明日复然。

有一人桌厨内约积有钱五六千，其桌破坏一角。旁有一棍，看此破桌厨内多钱，心生一计。待此人起身食午，即装作一木匠，以手巾缚腰，插一利斧于旁，手拿六尺，将此桌厨横量直量一次，高声自说自应曰："这样破东西，当作一新的来换，反叫我修补，怎么修得？真是吝啬的人！"自说了一场。一手拿六尺，将桌厨钱轻轻侧倾作一边，将桌厨负在无人处，以斧砍开，取钱而逃。时旁人都道是换钱的叫木匠拿去修，哪料大众人群中，有棍敢脱此也。

及午后换钱者到，问旁人曰："我桌厨哪里去？"众合笑曰："你叫木匠拿去修，匠还说你吝啬，何不再做新的，乃修此破物？彼已负去修矣。"换钱者曰："我并未叫匠来，此是光棍脱去。"急沿途而访问，见空僻处桌厨剖破，钱无一文，怅恨而归。

（三）江西有陈姓庆名者，常贩马往南京承恩寺前三山街卖。时有一匹银合好马，价约值四十金。忽有一棍，擎好伞，穿色衣，翩然而来，伫立瞻顾，不忍舍去。遂问曰："此马价卖几许？"庆曰："四十两。"棍曰："我买，但要归家作契对银。"庆问："何住？"棍曰："居洪武门。"棍遂骑银合马往，庆亦骑马随后。

行至半途，棍见一缎铺，即下马，放伞于酒坊边，嘱庆曰："代看住，待我买缎几匹，少顷与你同归。"庆忖："此人想是富翁，马谅买得成矣。"棍入缎铺，故意与之争价，待缎客以不识价责之，遂佯曰："我把与一相知者看，即来还价何如？"缎客曰："有此好物，凭伊与人看，但不可远去。"棍曰："我有马与伙在，更何虑乎？"将缎拿过手，出门便逃去。

缎客见马与伙尚在，心中安然。庆待至午，查不见来，意必棍待也。遂舍其伞，骑银合马，又牵一马回店。缎客忙奔前，扯住庆曰："你伙拿吾缎去，你将焉往？"庆曰："何人是我伙？"缎客曰："适间与你同骑马来者。你何佯推？定要问你取。"庆曰："那人不知何方鬼，只是问我买马，令我同到他家接银，故与之同来矣。他说在你店买缎，少顷与我同去。我待久不见来，故骑自马回店。你何得妄缠我乎？"缎客曰："若不是你伙，何叫你看伞与马？我因见你与马在，始以缎与他。你何通同装套脱我缎去？"二人争辩不服，扭在应天府理论。缎客以前情直告。

庆诉曰："庆籍江西，贩马为生，常在三山街翁春店发卖，何常作棍？缘遇一人，问我买马，必要到他家还银，是以同行。彼中途下马，在他店拿缎逃去，我亦不知，怎说我是棍之伙？"

府尹曰："不必言，拘店家来问，即见明白。"

其店家曰："庆常贩马，安歇吾家，乃老实本分之人也。"

缎客曰："既是老实人，缘何代那棍看伞与马？此我明白听见，况他应诺。"

庆曰："叫我看伞，多因为他买马故也，岂与之同伙？"

府尹曰："那人去，伞亦拿去否？"缎客曰："未曾拿去。"

府尹曰："此真是棍了。欲脱你缎，故托买马，以陈庆为质。以他人之马，赚你之缎，是假道灭虢术也。此你自遭骗，何可罪庆？"各逐出免供。

（四）通州有姓苏名广者，同一子贩松江梭布往福建卖。布银入手，回至半途，遇一人姓妃名胜，自称同府异县，乡语相同，亦在福建卖布而归。胜乃雏家，途中认广为亲乡里，见广财本更多，乃以己银贰拾余两寄藏于广箱内，一路小心代劳，浑如同伴。

后至日久，胜见利而生奸。一夜，佯称泻病，连起开门出去数次。不知广乃老客也，见其开门往返，疑彼有诈谋；且其来历不明，彼虽有银贰拾余两寄我箱内，今夜似有歹意。乘其出，即潜起来，将己银与纪胜银并实落衣物另藏别包袱，置在己身边；仍以旧衣被包数片砖石放在原箱内，佯作熟睡。胜察广父子都睡去，将广银箱黄夜挑走。广在床听胜动静，出门不归，曰："此果棍也。非我，险遭此脱逃矣。"

次日，广起，故惊讶胜窃他银本，将店主扭打，说他通同将我银偷去。其子弗知父之谋，尤怒殴不已。父密谓曰："此事我已如此如此。"方止。

早饭后，广曰："我往县告，若捕得那棍，你来作证；不然，定要问你取矣。"广知胜反中己术，径从小路潜归。

胜自幸窃得广银，茫茫然行至午，路将百里。开其箱，内乃砖石、旧衣也。顿足大恨，复回原店。却被店主扭打一场，大骂曰："这贼，你偷人银，致我被累！"将绳系颈，欲要送官。只得吐出真情，叩头恳免。时胜与广已隔数日程途，追之不及，徒自悔恨而已。

（五）庚子年，福建乡科，上府所中诸士，多系沈宗师取在首列者。人皆服沈宗师为得人。十二月初间，诸举人都上京矣。

省城一棍，与本府一善书秀才谋，各诈为沈道一书，用小印图书，护封完密，分递于新春元家。每到一家，则云："沈爷有书，专差小人来，口嘱咐说，你家相公明年必有大捷。他得异梦，特令先来报知，但须谨密勿泄。更某某相公家，与尊府相近，恐他知有专使来，谓老爷厚此薄彼，故亦附有问安书在；特搭带耳，非专为彼来也。"及至他家，所言亦复如是，谓专为此来，余者都搭带也。及开书看，则字画精楷，书词玄妙，皆称彼得祥梦，其兆应在某，当得大魁。或借其名，或因其地取义，各做一梦语为由，以报他先兆之意。曾见写与举人熊绍祖之书云：
"闽省多才，甲于天下，虽京、浙不多让也。特阅麟经诸卷，
无如贤最者。以深沉浑厚之养，发以雄俊爽锐之锋，来春大捷南
宫，不卜而决矣。子月念二日夜将半，梦一飞熊，手擎红春花，
行红日之中，上有金字'大魁'二字，看甚分明。醒而忆之，日
者，建阳也；熊者，君姓也；春花者，君治《春秋》经也。红亦
彩色之象，'大魁'金字则明有吉兆矣。以君之才，叶我之梦，
则际明时魁天下，确有明征。若得大魁出于吾门，喜不能寐，尚
人驰报，幸谨之勿泄。"熊举人之家阅之大喜，赏使银三两。请
益，复与二两，曰："明年有大捷，再赏你十两。"及他所奉之
书，大抵都述吉梦，都是此意。人赏之者，皆三五金以上。

至次年，都银南翻而归，诸春元会时，各述沈道之书叙梦之
事，各拊掌大笑曰："真是好一场春梦也！"此棍真出奇绝巧
矣。以此骗人，人谁不乐与之？算其所得，不止百金以上。

（六）长源地方，人烟过千，亦一大市镇也。有一日者，推
命人也。至其间推算甚精，断人死生寿夭，最是灵验，以故乡里
之老幼男女，多以命与算。凡三年内有该病者、该死者，各问其
姓名，暗登记之，以为后验。昼往于市卜命，夜则归宿于僧寺。

有一游方道士至寺，形容半槁，黄瘦黧黑，敬谒日者曰：
"闻先生推命极验，敢求此地老幼，有本年命运该死者、当有疾
病者，悉以其姓名八字授我，我愿以游方经验药方几种奉换。"
日者曰："你不知命，要此何干？"道士曰："我自有别用。"
日者悉以推过之命，本年有该病者、该死者，尽录付之。

道士后乞食诸家，每逢痴愚样人，辄自称是生无常，奉阴司

差，同鬼使捕拿此方某人某人等，限此一季到。痴人代之播传，人多未信。又私将黄纸写一牌文，末写"阴司"二大字，中间计开依日者所授之老幼命该死者，写于上半行。又向本僧寺问本地富家男女，及人家钟爱之子姓名，写于后上层。夜间故在社司前，将黄纸牌从下截无人名处焚化，其上半有人名处打灭存之。次日人来社司祈告，见香炉上有黄纸字半截未焚者，取视之，都是乡人姓名，后有"阴司"字，大怪异之，持以传闻于乡。不一月间，此姓名内果死两人，遂相传谓"前瘦道士是生无常，此阴司黄纸牌彼必知之。"凡牌中有名者皆来问，无名者恐下截已焚处有，亦往问之。道士半吞半吐，认是已同鬼使焚的。由是畏死者问："阴司牌可计免否？"道士曰："阴司与阳间衙门则同，有银用者，计较免到；或必要再拿者，亦可挨延二三年。奈何不可用银也。"由是，富家男女多以银贿道士，兼以冥财金银，托其计较免到，亦赚得数十金去。其后牌中有多者多不死，反以为得道士计免之力也，岂不惑哉！

（七）鲁国的叔孙穆子一当上家臣之长，就想利用自己手中的权力来独揽鲁国的政权。传说他年轻时有个私生子，这个风声一直未曾平息。或许因为那样，也或许不是如此，总之，叔孙穆子特别宠爱一个叫竖牛的年轻人，而竖牛也仗着叔孙穆子的气势而趾高气扬。

叔孙穆子有个孩子叫作仲壬。有一天，竖牛陪仲壬到鲁君那里去玩。鲁君初次见到仲壬就有好感，或许也是有意讨好掌握实权的叔孙穆子，于是送玉环给仲壬。当时，如果得到赏赐，就得让君王亲自为他戴上，但仲壬却只是拜谢了就带回家而不敢戴在身上，因为未曾得到父亲的允许。仲壬想要早点得到父亲的允许，就去拜见竖牛。竖牛说："我早就请示过了，你父亲很高兴，答应你可以戴在身上，你就快快戴上吧！"仲壬毫不怀疑竖牛所说的，非常高兴地把玉环戴上。竖牛见仲壬戴上玉环就去见叔孙穆子，佯装不知地问道："为什么不让君王提拔壬呢？""他还是个黄口小儿，要拜见君王还太早。""不会太早，壬已经和君王见过好几次面。壬现在正把君王所赐的玉环戴在身上呢！"叔孙穆子立刻把仲壬叫来一看，果真他身上不正戴着玉环吗？叔孙也许因为气愤壬僭越了父亲的权威，偷偷地为自己的未来铺路，也许为了扳回受到漠视的父亲之威严，不由分说地，马上就杀了仲壬。

仲壬是哥哥，他还有一个叫孟丙的弟弟。有一次，叔孙穆子为孟丙铸钟。没多久，钟做好了，而孟丙却不敢敲响。因为未得父亲的允许。于是他就拜托竖牛，竖牛虽然答应了两次，但见到叔孙穆子时对钟的事仍然只字不提，却笑嘻嘻地对丙说："父亲大人答应了，可以敲钟了。"丙不怀疑竖牛的话，就高高兴兴地敲钟。钟发出了洪亮的声音，叔孙穆子听到了非常生气。"丙未经我允许，竟自作主张擅自敲钟。"叔孙穆子感到父亲的权威丧失了，就将丙放逐。丙不明白为什么父亲这样愤怒，但是丙还是出奔到齐国，一心一意等待回国。

过了一年。孟丙托竖牛在他父亲面前说情。想想时机已成熟，竖牛就为丙周旋，叔孙穆子也是个心软的人，所以马上命令竖牛把丙接回国来。竖牛虽然出行到齐，却连丙都没见到，就回去了，而且还报告说："我虽然要他回国，但丙好像非常生气，两次都说不回来了。"叔孙穆子非常生气，马上派人杀了丙。不久叔孙穆子生病，由于两个儿子都已被杀，竖牛就代理了照顾的工作。马上，竖牛连叔孙穆子较亲近的人也都不准靠近，还说："叔孙穆子大人说需要安静，不想听到人声。"因而任何一个人都无法靠近。叔孙穆子被隔离了，竖牛不给他饭吃，就这样活活地把他饿死了。竖牛并不公布死讯，悄悄地把府库里的金银珠宝全数运走，逃到齐国。

（八）吴胜理，是徽州府休宁县人，在苏州府开铺子，买卖各种色布，一开张生意就非常红火，四面八方来买布的人非常多，每日算起来有几十两银子的交易。铺子外头是铺面，里头是仓库，放着各种各样的货物。

一天，有几伙客人赶到一块同时来买布，都在里屋对账兑银。一个混混乘着乱劲，亦到铺中叫着说要买布。吴胜理出来与他施礼，等到吃毕茶，吴胜理请他在外间屋先坐一坐，自己又回到里屋，与前面那几伙客人对账。那混混一见铺子里无人看守，便故意走到通里屋的门旁，装出朝里拱手作揖告辞的样子，然后在铺中拿了一匹布，扛在肩上，不紧不慢地走了。对面店铺的伙计见了，也没觉出他是在偷布。

等到里屋几伙商人的交易都处理完了，吴胜理送他们出来，忽然看见店里的布少了一匹，忙问对面店里的伙计："我铺里一匹布是什么人拿走了？"对门店里的人说："你店里后来的那位客官，不是和你拱手告辞后，才拿布走的？大家都见到了，你怎么装不知道，说是丢失了布？"吴胜理急了，说："刚才是里头忙，只得安顿他在外面先坐一坐，等里面这些生意都谈完了，再和他做生意。什么时候卖过布给他？"邻居们听了，都惊讶道："这个骗子，真够狡猾的。他刚才装出一副拱手告辞的样子，让我们大家都不怀疑他是个贼，接着又不紧不忙迈着四方步走了，大摇大摆就把布给骗走了！真是让人没话可说。"吴胜理也只得懊悔一场作罢。

大凡开店看摊的人，都应借鉴此事，小心谨慎才好。

（九）建城大街上，有条小胡同，通往另一条街。胡同口，有个亭子，亭子里放着两张凳子，供来往行人坐着休息，看上去就像是一户人家的大门似的。亭子两旁都是土城，看上去又像是到一户人家的路径似的，过了土城稍一转弯，就看到前面的大路了。

一天，有个混混坐在亭里，瞧见有个小贩背着布走过来，他看出这小贩不是本地人，心想可以骗上一骗，便叫道："我要买布！请到亭子里来。"这混混拿了小贩背来的布，左挑右挑，最后选定六匹，拿在手里，说："我要三匹，拿这六匹回家挑挑。"

说完转身从胡同里一转，从后面的大街上跑了。卖布的小贩在巷口亭子里坐着，等了半天也不见人影，又见有两个过路模样的人，也从眼前走过，走入胡同中，心里怀疑这不是个人家，便跟着走了进去，转过一道墙，见两边并无人家，再往前走，便是又一条大道了。心里不免慌了，知道是被那混混骗了。急得直问街旁的人："刚才有个人拿着六匹布从这过，老兄您看见了吗？"人家说："这巷子一天到晚人来人往，谁知道什么人拿了布？"卖布的小贩述说了刚才的事情，众人都说："这是被骗子明目张胆给骗去了。"小贩气得大骂，可也无计可施，只有悔恨而去。

第三篇

职场社交之道

一、有效沟通　打开心扉

沟通是一种交流、是一种表达，是一种相互倾诉、相互交换意见的途径，是人的生存需要，更是个人发展的基本技能，卡耐基说过"沟通是成功之本"。现代社会是一个注重信息和情感交流的社会，良好的沟通是与人交往的重要基础，是现代社会人际关系发展和持续的纽带。

一把坚实的大锁挂在铁门上，一根铁杆费了九牛二虎之力，却无法将它撬开。钥匙来了，它瘦小的身子钻进锁孔，只轻轻一转，那只大锁就"啪"的一声打开了。铁杆奇怪地问："为什么我费了那么大的力气也打不开，而你却轻而易举地就把它打开了呢？"钥匙说："因为我最了解它的心。"每个人的心，都像上了锁的大门，任你再粗的铁棒也撬不开。唯有沟通，才能把自己变成一只细腻的钥匙，进入别人的心中，了解别人。由此可见，沟通就是开启心灵的钥匙。

微笑是琼浆、是蜜液，带给人们快乐、温馨、鼓励。微笑是友好的标志，是融合的桥梁。微笑是一种魅力，微笑能充分体现一个人的热情、修养和魅力。亲切温馨的微笑可以缩短双方的距离，营造良好的交往氛围，是人际交往中的润滑剂。

真正的沟通一定要敞开双方的心扉。微笑可以化干戈为玉帛，协调人与人之间的关系。在适当的时候、恰当的场合，一个简单的微笑可以创造奇迹，一个简单的微笑可以使陷入僵局的事情豁然开朗。

大卫是美国一家小有名气的公司总裁，他十分年轻，并且几乎具备了成功男人应该具备的所有优点。他有明确的人生目标，有不断克服困难、超越自己和别人的毅力与信心；他走路大步流星，工作雷厉风行，办事干脆利索；他的嗓音深沉圆润，讲话切中要害；而且他总是显得雄心勃勃，富于朝气。他对于生活的认真与投入是有口皆碑的，而且，他对于同事也很真诚，讲求公平对待，与他深交的人都为拥有这样一个好朋友而自豪。但初次见到他的人却对他少有好感。这令熟知他的人大为吃惊。为什么呢？仔细观察后才发现，原来他几乎没有笑容。

他深沉严峻的脸上永远是炯炯的目光、紧闭的嘴唇和紧咬的牙关。即便在轻松的社交场合也是如此。他在舞池中优美的舞姿几乎令所有女士动心，但却很少有人同他跳舞。公司的女员工见了他更是如同山羊见了虎豹，男员工对他的支持与认同也不是很多。而事实上他只是缺少了一样东西——一幅动人的、微笑的面孔。

微笑，它不需要花费什么，但却创造了许多奇迹。它丰富了那些接受它的人，而又不使给予的人变得贫困。它产生于一刹那间，却能给人留下永久的记忆。当我们面带微笑去办事，回头看看效果，你必然会大吃一惊。微笑永远不会使人失望，它只会使你更受欢迎。

沟通要从心开始。从人际沟通的层次来说，沟通有三个层次。第一个层次类似于打打招呼、无法深入的浮面游动；第二个层次类似于有一些个人观点可以交流和讨论；第三个层次类似于不但谈得来，还可以在某一方面深入到心灵进行探讨，如平常说的谈心。双方只有敞开心扉，才能达到"知心"的境界，这个时候人与人之间的距离是近乎零距离。这个道理也许很多人都懂，但真正能操作好的人不是很多。

打开心灵通道的模式有两种，一是向他人敞开心扉，如排除胆怯，勇敢地上台说话，参加公共活动、积极交流、扩大接触等；二是向自己敞开心扉，如把自己的思想写出来，对着自己发问，静心冥思，表扬自己，鼓励自己等。通过这种方式，越来越了解自己，越来越相信自己，也必将越来越了解他人和善于进入他人心扉。

（一）尊重对方　主动沟通

沟通首先应表现在对交往对象的尊重上，这是人际沟通的核心内容。人类交往是互动的，人人都希望别人来尊重自己，在实际的交往中，也应本着这一基本理念设身处地地为别人着想，满足别人希望被尊重的需求，创造一个和谐的交往环境。

沟通的前提是要尊重对方，并使对方尊重你。如果你觉得一个人一无是处，或者对某人极其厌烦，那沟通就是一件很困难的事情。其实每个人都有优点和缺点，多多发现别人的优点，想想为什么他会这么做，在沟通前先寻找双方沟通的基点以及想达到的沟通目标及自己的底线。

一位求职人员收到某公司寄来的一份拒绝通知，他已知道自己没有被录取的消息。即使如此，他还是很客气地对介绍者说："承你帮忙，只可惜我自己的能力不够，实在非常抱歉。不过，我还是写了封信给对方，感谢他们曾经给我机会，也希望你能代为致意。"于是，当下介绍者就给那家公司的朋友打了个电话。

几天以后，这位朋友又给了介绍者一个电话："请你转告你的朋友，让他到我们公司上班。"

事情就是这样戏剧化，原本只是一个考试不合格、未被录用的人，由于他懂得如何尊重别人，反倒给自己带来了意外的收获（另一次机会）。事实上，当他那亲切、有礼的来信，在各主试者之间传阅时，大家突然发现，他正是公司最需要的人才——一位懂得尊重别人也尊重自己的人。

生活中我们只要花一点脑筋尊重别人，就可以促使别人快乐，而你对他人的尊重也必定会赢得人们对你的首肯。做人难，做好人更难，这是许多人感叹的一件难事，而做人最重要的一点是能尊重别人。

所以，《郁离子》中指出，用人之法首先要尊重对方，让对方有自己被对方重视的感觉，这样他才有可能全心全意地去做你让他做的事。由此可见，尊重他人既是一种美德，也是一种文明的社交方式。

（二）充满信心　亮出个性

沟通时，信心非常重要，只有充满信心，说话才会有理有力。充满自信的人最美丽，所以我们要充满信心地进行沟通，任何有心沟通的人，都希望他的沟通对象是个举足轻重的人物。让对方认为你是有决策力的人，最直接的方法便是一见面就告诉他"您可以问我任何问题"。如果你在对方面前处处显得紧张兮兮，不是一直抽烟，就是不断干咳，对方必定会怀疑他跟你之间的沟通效果。因此面对每一个沟通场合，都要充满信心。

小泽征尔是世界著名的交响乐指挥家。在一次世界优秀指挥家大赛的决赛中，他按照评委会给的乐谱指挥演奏，但他敏锐地发现了不和谐的声音。起初，他以为是乐队演奏出了错误，就停下来重新演奏，但还是不对。后来，他觉得是乐谱有问题。这时，在场的作曲家和评委会的权威人士坚持说乐谱绝对没有问题，是他错了。面对一大批音乐大师和权威人士，他思考再三，最后斩钉截铁地大声说："不！一定是乐谱错了！"话音刚落，评委席上的评委们立即站起来，报以热烈的掌声，祝贺他大赛夺魁。

原来，这是评委们精心设计的"圈套"，以此来检验指挥家在发现乐谱错误并遭到权威人士"否定"的情况下，能否坚持自己的主张。前两位参加决赛的指挥家虽然也发现了错误，但终因随声附和权威们的意见而被淘汰。小泽征尔却因充满自信而摘取了世界指挥家大赛的桂冠。

有一个寓言故事：两只青蛙在觅食中，不小心掉进了路边的牛奶罐里，罐里的牛奶足以使青蛙遭到灭顶之灾。

一只青蛙想：完了，全完了，这么高的牛奶罐，我永远跳不出去了。它很快就沉了下去。另一只青蛙看见同伴沉没在牛奶中，并没有沮丧，而是不断地对自己说："上帝给了我坚强的意志和发达的肌肉，我一定能跳出去。"它每时每刻都鼓起勇气，一次一次奋起、跳跃——生命的力量展现在每一次的搏击和奋斗中。

不知过了多久，它突然发现脚下黏稠的牛奶变得坚实起来。原来，反复的践踏和跳动，已经把液状的牛奶变成了奶酪！不懈的奋斗和抗争终于赢来了胜利。它轻盈地跳出牛奶罐，回到池塘，而那只沉没的青蛙却留在了奶酪里。

失败是一个过程，而不是结果；是一个阶段，而非全部。正在经历的失败，是一个"尚在经受考验"的过程。要树立"我能行"的目标。要有仔细的态度，相信自己行，就没有克服不了的困难。

事业相当成功的人士，他们不随波逐流或唯唯诺诺，有自己的想法与作风，但却很少对别人吼叫、谩骂，甚至连争辩都极为罕见。他们对自己了解得相当清楚，并且肯定自己，他们的共同点是自信，日子过得很开心，有自信的人常常是最会沟通的人。

缺乏自信时更应该做些充满自信的举动。缺乏自信时，与其对自己说我不行，不如告诉自己我可以。为了克服消极、否定的态度，应该试着采取积极、肯定的态度。如果自认为不行，身边的事也抛下不管，情况就会渐渐变得如自己所想的一样。

某学生团体，提倡大学生每年选出一位最合乎现代美的大学生，并且举办比赛。他们到各大学、到大街上，看到美丽的人，就把小册子拿给他们看，请他们参加这个比赛。从地方到中央，举办一次又一次的比赛。然后，大家变得越来越美，简直让人看不出来，大概是越来越有自信了吧。因为"我要参加这个比赛"的这种积极态度，使这些人显得更美，这种肯定生活的态度产生自信，使这些人显得更美。

只要下定决心去做，就做得到。如果能在声音中表现得有笑容，那么人生就会一天天变得亮丽起来。如果声音带着亲切的笑意，人们就会想和你交谈，然后因为和人接触而精神起来。电话交谈时，如果用有笑容的声音说话，对方听了舒服，自己也觉得快意。我们应该像砌砖块一样一块一块砌起来，堆砌我们对人生积极、肯定的态度。因为，自信会培养自信。一次小成就会为我们带来自信。

自信是需要在生活中训练出来的，如果熟练的专业技能和得体的装扮，仍然无法带给你足够的自信，那就需要更多的自我表现。当你认同自己的专业能力、聪明智慧时，别人也会以同样的态度对待你。以下有几个小技巧，可以多加练习：

1.以得体的装扮来加深留给他人的印象。

2.练习大胆地表现自我。

3.以拥有者的态度走入每间屋子：昂首阔步，抬头挺胸，仿佛一切都在你的掌握中。

4.说话时语气要坚定。

5.以恰当的态度接受恭维。

6.处理"小事情"也要鼓足勇气、采取大胆的行动。

亮出个性更有魅力，多一分自信，多一分勇气，多一分力量。你就能收获希望，收获阳光，收获快乐。没有亮出自己，便永远没有胜利。

（三）树立形象 注意礼节

外在形象的好与坏，直接关系到社交活动的成功与失败。遵守一般奉行的礼仪和保持良好的仪态，可以增加人们对你的好感，提高沟通效率。此外，坐姿不良，在对方讲话时左顾右盼，都足以使人对你产生不良的印象，而降低与你洽谈的兴致。言行举止上的细节是一个人素质和修养的表现，优秀的人大多也是注意细节的人。在办事的过程中一定要注意礼貌待人，才不至于因小失大。

1.衣着打扮整洁大方

服饰、仪表是首先进入人们的眼帘的，特别是与人初次相识时，由于双方不了解，服饰和仪表在人们心目中占有很大分量。

穿衣要得体，这是最基本的要求。适合自己体形，漂亮又有新意的衣服，应当大胆穿着。服饰同自己的身份、身材相符，会给人一种和谐美。服饰的个性，也能让人看出你的审美观和性格特征。

2.言行文明礼貌，举止姿态要自然

一个人的内在品质常常能通过外貌举止反映出来，所以举止外貌要注意得体，而不能轻浮，给人不信任感和厌恶感。出入公共场合和社交场合，言行举止要符合文明礼貌的规范，无论是行还是坐，都必须庄重，不要不拘小节，因小事而失礼仪。

例如，和人家谈话时，你不管不顾，手舞足蹈，拍拍打打，那就有损形象了。到陌生的地方，不要东张西望，探头探脑，更不要随便翻阅他人的东西。

人的坐姿也是十分重要的。为了给对方一个良好的印象，表现出自己的修养，一般宜端正姿势，静静地坐下，以等待对方的接待为好。比如，坐在椅子上，自然大方一些，把双手放在扶手上，不紧不松，力求自然舒服。双脚也不可开得太大，不要右手拿着烟，跷着二郎腿，口里吐着烟雾，一副满不在乎的样子。

举止是一种不说话的"语言"，它真实地反映了一个人的素质、受教育的水平及能够被人信任的程度。

男士切忌流露出狭隘和嫉妒的心理，不要斤斤计较。男人的性别美，是一种粗犷的美，内涵的美，真正的男子汉应该有性格，有棱角，有力度，有一种阳刚之气，而那些扭扭捏捏的奶油小生则让大多数人难以接受。

女性美普遍被人认可的形象一直是娴静的、温柔的、甜美的。女性言谈举止中所散发出来的脉脉温情强烈动人。交际时，女性要利用自己的性别特点，表现得谦恭仁爱，热情温柔，女性自然的柔和所产生的社交力量，有时比"刚"的力量要大得多。

（四）善于聆听

本杰明·富兰克林说："与人交谈取得成功的重要秘诀就是多听，永远不要不懂装懂。"善于聆听的人不仅能得到朋友的信任，而且容易受器重。诚挚地聆听别人的倾诉，不只是一种同情和理解，不只是一种单向的付出，更是一种关爱和礼貌。

倾听是沟通过程中最重要的环节之一，良好的倾听是高效沟通的开始。倾听是一种最佳的沟通技巧，也是礼貌和诚挚的表现。倾听使谈话双方更加融洽，心灵的距离也被缩短了。倾听永远会受到欢迎，善于倾听的人，别人欢迎，自己长智。而善于倾听的人，往往又善于沉默。善于沉默也是正确判断的基础，它会让你细心地倾听他人的意见。积极倾听的人把自己的全部精力——包括具体的知觉、态度、信仰、感情以及直觉都或多或少地投入到听的活动中去，从而集思广益。

在与人的交谈过程中，每个人既是说话者，又是聆听者。有一句名言："善言能赢得听众；善听才会赢得朋友。"善于言辞是一门艺术，有些人喜欢把自己要说的话"一吐为快"，但即便你是才华横溢的演说家，也不要忘记他人。在交谈中最忌讳的是一个人滔滔不绝，说个没完，恨不能把一场谈话包揽下来。善于聆听更体现一个人的修养。它不仅可以满足对方的自尊心，又能调动对方说话的兴趣。倾听不仅需要具有真诚的心态，还应该具备一定的倾听技巧。居高临下，好为人师；自以为是，推己及人；抓耳挠腮，急不可耐；左顾右盼，虚应故事；环境干扰，无心倾听；打断对方，变听为说；刨根问底，打探隐私；虚情假意，施舍恩赐等都是影响倾听的不良习惯，应该注意避免。

艾米是纽约市中区人事局最有人缘的工作介绍顾问，但是过去的情形并不是这样。初到人事局的几个月，她在同事之中连一个朋友都没有。因为那时每天她都使劲地吹嘘自己。她认为自己工作做得不错，并且为之自豪，但是同事们不但不分享她的成就，而且极不高兴。后来，她开始少谈自己而多听同事说话。他们也有很多事情要吹嘘，把自己的成就告诉艾米，比听艾米吹嘘更令他们兴奋。艾米就这样逐渐赢得了同事的信任和友谊。

那么为什么一开始艾米的同事对她的言论极不认同，艾米又是通过什么方式成为最有人缘的顾问的呢？开始的时候，艾米一直在吹嘘自己，忽视了同事的感受，所以同事对她的言论极不认同。后来艾米认识到自己的失误，调整自己的行为，尽量少说多听，让同事尽情地表达，分享同事的快乐，从而获得了好人缘。所以，善于倾听对身在职场的人是非常重要的。

聆听是一门艺术，心情不好的时候，最需要善解人意的好听众，人们往往会把忠实的听众视作可以信赖的知己。如果你能适时扮演这种角色，将会惊讶对方，会让对方达到毫无保留的程度。但前提是，你必须真心诚意为对方着想，不存私心。有时你甚至不用言语，仅仅一份心意就能感动对方。聆听越多，你就会变得越聪明，你掌握的信息也就越多，就会被更多的人喜爱和接受，就会成为更好的谈话伙伴。

韦伯从欧洲旅游回到美国后，在一次晚宴上结识了一位女士。这位女士知道韦伯刚从欧洲回来，便说自己从小就梦想去欧洲旅行，现在都未能如愿。在后来的交流中，韦伯意识到她是一个很健谈的人。他知道，如果让这样一个人长期听别人讲话，一定如同受罪，因为她对谈话根本毫无兴趣。事实上，这位女士只是想从别人的谈话中找到契机以开始自己的话题。

韦伯曾听朋友说，这位女士刚从阿根廷回来。于是，他便说自己喜欢打猎，而欧洲的山太多了，如果能有机会在大草原上打猎，应该是十分惬意的事。那位女士一听讲到大草原，就立刻打断了韦伯的话，兴奋地告诉他，她刚从阿根廷回来，继而开始了滔滔不绝的讲话，一直讲到晚会结束还意犹未尽。

后来，宴会的主人告诉韦伯，那位女士说她与韦伯相处得很融洽，非常喜欢和他在一起。事实上，韦伯只说了几句话。

唐朝时候，有个邻国的使者到中国来，进贡了三个一模一样的金人，并出了一道题：三个金人哪个最有价值？皇帝想了许多办法，请来工匠检查，称重量，看品质，都是一模一样。

泱泱大国，怎么可以连这种小事都不懂，眼看就要大丢面子。一位老大臣说他有办法，皇帝将使者请到大殿，这位老大臣胸有成竹地拿起三根稻草，分别插入三个金人的耳朵。第一根稻草从第一个金人的另一边耳朵出来了，第二根稻草从第二个金人的嘴巴里掉出来，而第三根稻草掉进了第三个金人的肚子里。老大臣说：第三个金人最有价值！这的确是正确答案。

造物主造人时，使人拥有两只耳朵一张嘴，其用意无非是让人多听而少说。把耳朵当作心灵交流的容器，做一位聆听者，才能赢得别人的友情。智者往往拙于言谈，孔子云："君子讷于言而敏于行。"一个人要想活得有价值，最好善于倾听，多汲取别人的经验，默默地辛勤耕耘。人们往往对自己的事感兴趣，喜欢自我表现，一旦有人专心聆听自己讲话，就会感到自己被重视。

现代人的生活充满了压力，难免会有疲惫，难免会有苦恼，或事业受挫，或身虚体弱，或家庭出现危机，或恋爱告吹，或遭流言中伤。生活就是这样，你无法拒绝这不期而至的苦恼。有的人，由此神情沮丧、士气低落、脾气暴躁、情绪不宁。陷入此境的人，很需要有人聆听他的倾诉，需要别人的慰藉，如果没有人愿意聆听苦恼人的倾诉，或是随意地打发人家，那么无疑是把他们推向更不愉快的境地，那对他们来说无疑是痛苦的深渊。

以前林海并不善于聆听别人的倾诉，但一次经历却改变了他的想法。

那时，林海是一个极其普通的操作工，普通得不能再普通，随便走到哪里也得不到百分之一二的回头率。可能是当时的处境，也可能是当时的不成熟，他的苦恼越积越多。与日俱增的苦恼令他沮丧，回家常发无名之火，闹得家人不得安宁。后来，他很幸运地结识了一位敦厚、十分善解人意的师傅。师傅经常和他聊天，听他倾诉苦水，也帮助他积极上进，并帮他与头儿们沟通。自从他结识了这位师傅，苦水既出，心平气顺，磕磕碰碰少了，更加专心努力，结果登上一个又一个台阶，获得一次又一次成功。

事情过去快10年了，树叶黄了又青，那位师傅当年专注聆听的神情和安慰的言语至今仍使林海记忆犹新。也是从那时起，他也学会了聆听，聆听时专注、投入、耐心、关心。因此，许多人都愿意把自己的隐秘事情和苦恼心绪告诉他。不管怎么说，人与人之间的沟通，就是想从他人身上获得同情、理解和谅解。人际关系是建立在无私奉献的基础上的。如果你懒得把温暖给予别人，你也就别奢望他人的光亮会反射到你的身上。

我们要善于去接近和喜欢别人，要学会聆听别人的话。聆听，不仅是一种礼貌也是一种关爱。

生活中没有什么比做一名听众能更有效地帮助你。一个好的听众一定会比一个擅讲者赢得更多的好感。因为，一个好的听众总能够让人们倾听他们最喜欢的说话者——他们自己。要想成为一个好的听众，并非一件容易的事，那么，要成为一个好的听众，一定要做到以下几点：

1.聆听时，注视说话的人。

对方如果值得你聆听，你就应该去注视他，用你虔诚的目光去让他感知你的虔诚，赢得他的赞许，获得他的信任。注视对方的技巧，是用目光看着对方的双眉间。这样，可以避免不好意思。

2.靠近说话者，身体前倾，专心致志地听。

在与人交谈时，你千万不要大大咧咧，摆出一副无所谓的样子。一定要让人感觉到你对他所说的内容的渴求，不愿漏掉任何一个字。让说话者觉得你在聚精会神、专心致志地听。

3.不要打断说话者的话题。

无论你多么渴望一个新的话题，多么想发表自己的见解，都不要去打断说话者的话题，你要默默地将想说的话记在心中，直到他自己结束为止，再发表自己的见解。

4.倾听过程中巧妙、恰如其分地提问。

提问一定要巧妙，恰到好处，切忌盲目或过多的提问。在允许的情况下，精练、简短的提问会使说话者知道你在认真仔细地听。如："后来怎么样呢？""您的结论是……"。请记住，提问题也是一种较高形式的奉承。

这些建议不仅仅是谦恭的行为，谦恭永远不会使你获得聆听所能带给你的巨大回报。所以，你一定要学会认真地聆听别人。你将会越来越深刻地意识到，聆听在人类成功的交往中，是多么重要。请你努力做一名生活中的好听众吧，你必将从中获得别人更多的好感与信任。

在职场中，聆听一样非常重要，有时还需要耐心接受上级的说教。要学会聆听，不要认为他们是老生常谈，要知道，当今社会是信息社会，有人给自己提供大量的资料、信息，是求之不得的好事情。你能从中了解到单位里的世故人情，少走许多弯路。做个好听众，是很有益的事情。

如果你想要别人喜欢你，请从现在开始，做一个好的听众。

（五）沟通的技巧

1.沟通前做好准备

沟通前要做好充足的准备，包括找对沟通的主题、沟通的对象、时间、环境等。找对沟通的时机和切入点将会事半功倍。开始沟通前要了解双方现在的状态，寻找一个合适的时间，妥善安排会面的地点。想好沟通的目的是什么，明确沟通的目标，并在沟通过程中时时刻刻想着是否朝这个方向努力，这样能保证不偏离主题。想想底线是什么，支持观点的论据是什么，一定要很明确自己的底线，这样能保证在沟通的过程中不被对方牵着鼻子走。

鸟儿们聚在一起推举它们的国王。孔雀说它最漂亮，应该由它当，立刻得到所有鸟儿的赞成。只有喜鹊不以为然地说："当你统治鸟国的时候，如果有老鹰来追赶我们，你如何救我们呢？"孔雀哑口无言。

在沟通之前，要做好充分的准备，想到任何对方可能提出的问题，并制定应对策略，否则很难说服他人接受自己的观点。

2.了解对方需求

一个小公主病了，她娇憨地告诉国王，如果她能拥有月亮，病就会好。国王立刻召集全国的聪明智士，要他们想办法拿月亮。

总理大臣说："它远在三万五千里外，比公主的房间还大，而且是由熔化的铜所做成的。"

魔法师说："它有十五万里远，用绿奶酪做的，而且整整是皇宫的两倍大。"

数学家说："月亮远在三万里外，又圆又平像个钱币，有半个王国大，还被粘在天上，不可能有人能拿下它。"

国王又烦又气，只好叫宫廷小丑来弹琴给他解闷。小丑问明一切后，得到了一个结论：如果这些有学问的人说得都对，那么月亮的大小一定和每个人想的一样大、一样远。所以当务之急便是要弄清楚小公主心目中的月亮到底有多大、多远。

于是，小丑到公主房里探望公主，并顺口问公主："月亮有多大？"

"大概比我拇指的指甲小一点吧！因为我只要把拇指的指甲对着月亮就可以把它遮住了。"公主说。

"那么有多远呢？"

"不会比窗外的那棵大树高！因为有时候它会卡在树梢间。"

"用什么做的呢？"

"当然是金子！"公主斩钉截铁地回答。

比拇指指甲还要小、比树还要矮，用金子做的月亮当然容易拿了！小丑立刻找金匠打了个小月亮、穿上金链子，给公主当项链，公主好高兴，第二天病就好了。

人们习惯按照自己的意愿做事情，结果不论多么努力，效果总是不好。而沟通才是掌握别人心理的最好方法。另外，选择好沟通的内容也十分重要，沟通内容选择好了，才能直入主题，简洁高效。

在沟通时，我们要找到对方的需求并给予解决，只有增加了对方的价值，才能达成自己的期望。

3.不要吝啬赞美之词

每个人都喜欢受到别人的赞美。即使是一句简单的赞美之词，也可使人振奋和鼓舞，使人得到自信和不断进取的力量。

美国著名女企业家玛丽·凯说过："世界上有两件东西比金钱和性更为人们所需要，那就是认可与赞美。"

还记得这样一个寓言故事吗？聪明的狐狸遇见一个嘴上叼着肉的乌鸦，它就夸乌鸦歌唱得好，让乌鸦给它唱一首歌。乌鸦忘记了自己嘴里还叼着肉，禁不住几句好话，扯开了自己那破锣嗓子，唱起了谁也听不懂也不愿听的歌，结果一块到嘴的肉就这样送给了狐狸。狐狸由于"赞美"乌鸦而得到了一顿美餐。我不是让大家学狐狸那样赞美乌鸦，狐狸赞美乌鸦不是从内心发出的，而是别有用心，是奸诈和欺骗。但从中也说明了一个道理，那就是"赞美"具有极大的威力。

柯达公司的老板伊斯特曼发明了胶片以后，人们才能摄制电影。他获得了一笔可观的财富，并且成为世界上最著名的商人。

虽然他已经得到如此伟大的成就，他仍然像普通人一样渴求别人的称赞。

好多年前，伊斯特曼在洛加斯达城捐造"伊斯特曼"音乐学校及"凯伯恩"剧院用以纪念他的母亲。纽约某座椅制造公司的经理艾特森，想谋取该剧院座椅的合同，于是他就和伊斯特曼约会见面。

艾特森到了那里，一位工程师对他说道："我晓得你是想得到座椅的合同，但是我要告诉你伊斯特曼的工作很忙，你若是打搅他的时间超过五分钟，便不会有好处，他的脾气很大，事情很多，所以我劝你说完你的来意后就赶快出来。"艾特森也准备那样做。

他被引进总裁办公室时，看见伊斯特曼正埋头于桌上堆积的文件之中，伊斯特曼听见有人进来，抬起头，取下眼镜，向工程师及艾特森走来的方向说道："早安，先生，我可以帮你做点什么？"

艾特森忽然打算改变原来想的那样，用别的方法试试看。

工程师介绍了之后，艾特森便说道："伊斯特曼先生，当我在外边等着见你的时候，我很羡慕你的办公室，假如我有这样的办公室，我一定也会很高兴地在里面工作，你知道我是一个本分商人，从来不曾见过这么漂亮的办公室。"伊斯特曼答道："你使我想起一件几乎忘记了的事。这房子很漂亮是不是？当初才盖好的时候我非常喜爱它，但是现在，因为有许多事忙得我甚至几个星期坐在这里也无暇看它一眼。"

艾特森走过去用手摸摸壁板，说道："这是用英国橡木做的，不对吗？和意大利橡木稍有不同。"

伊斯特曼答道："对了，那是从英国运来的橡木。我的一个朋友懂得木料的好坏，他为我挑选的。"随后伊斯特曼领了艾特森参观他自己当初帮助设计的房间配置、油漆颜色及雕刻等。

当他们在室内夸奖木工时，伊斯特曼走到窗前站住了脚，然后亲切地表明要捐助洛加斯达大学及市立医院等机关一些钱，以尽点心意，艾特森称许他这种慈善义举的古道热肠，伊斯特曼随后又走过去打开一个玻璃匣，取出他买的第一架摄影机——是从一位英国发明人手中买来的。艾特森又问他当初是怎样开始在商业上奋斗的，伊斯特曼很感慨地述说他幼年的困苦。

艾特森在上午十点一刻走进伊斯特曼的办公室，那位工程师曾警告他最多只能停留五分钟；但是一两个小时过去了，他们还在津津有味地谈着。

最后伊斯特曼对艾特森说："上次我去日本，在那里买了几张椅子回来，我把它们放在阳台上。日子一久阳光就把漆给晒掉了色，我遂到商店买了油漆回家自己动手刷那把椅子，你想看我自己刷油漆的成绩吗？好极了，就同我到舍下去吃中饭吧，我给你看看。"

饭后伊斯特曼把从日本带回来的椅子指给艾特森看，那椅子每把不过1.5美元，伊斯特曼虽富有千万，对那椅子却异常满意，因为那是他自己动手刷的油漆。

凯伯恩剧院的座椅定货价额共计九万美元，不用猜也知道是谁得到了合同。

每一个人都喜欢听好听的话，由衷的赞美是最令对方温暖却不用自己打开钱包的礼物。赞美最重要的是情真意切。很多人都会误将赞美别人与"拍马屁"混为一谈。实际上真诚的赞美与虚伪的谄媚有着本质上的区别：前者看到和想到的是别人的美德，而后者则是想从别人那里得到某些好处。赞美一定要恰到好处，不能过分夸张。过分夸张不是赞美而是奉承，赞美令人高兴，奉承则令人尴尬，更令正直的人讨厌。

对一个脸上有疤痕的女性说："你真漂亮！"那等于是在骂她是丑八怪。对于一个字写得七扭八歪的人说："你的字真漂亮！"他认为你不是在夸他，而是在损他，他不记恨你才怪呢！如果你不想也不必从别人那里得到什么，那就真心实意地夸奖他们吧。不要吝啬你的赞美之词，这可是拉近你们距离、加强你们关系的零成本方法。

针对不同的人，赞美的内容要有所区别。同辈人之间，不妨把赞美的重点放在能力、学识、思想、工作和为人修养上；对长辈老人，应注重赞美其经验、成就和健康；对领导，则要着重赞美其管理能力和体贴下属。

赞美尽量是雪中送炭。对于自卑感较强的人来说，别人当众适时适度的一句赞美，也许会大大增强他的自信。同事遇到困难了，拍拍他的肩膀，真诚地告诉他："你很优秀，我相信你，面对的困难都能处理好，所缺的只是时机而已。"这些美好的语言会让他感受到自身的价值，鼓起面对困难的勇气。

不要发愁应该赞美别人什么，用心去发现每一个人的长处、每一件事的不同之处，那就是值得你赞美的地方。要知道赞美并不只是语言的。很多时候，一个点头、一缕微笑或是一个OK的手势，都能传递赞美和鼓励的信息，甚至有时远远超过了语言的魅力。

不要以为赞美别人是一种付出，不会赞美别人的人，往往也失去了激励自我的机会。让我们从现在开始，不要再吝惜自己的赞美之语，把赞美别人当成一种积极的生活态度去享受，赞美是双向的，为了你的事业，为了你能愉快地工作，为了你能和谐的生活，不要吝啬你的赞美之词，不妨说出世界上最美好的语言，最动听的语言来赞美你身边的人。

同时，你也应该坦诚地接受别人的赞美。不要拒绝别人的赞美。要把别人的赞美当作一份真诚的礼物接受下来，并向对方表达出自己的快乐和感激。只有这样，你才能得到"赞美"的回报。

赞扬不仅能改善人际关系，而且能改变一个人的精神面貌和情感世界。赞扬的过程，是一个沟通的过程。通过赞扬，你得到了对方的欣赏和尊重，自己享受了自尊、成功和愉快。

马斯洛层次理论认为：自尊和自我实现是一个人较高层次的需求，它一般表现为荣誉感和成就感。而荣誉和成就的取得，还需得到社会的认可。赞扬的作用，就是把他人需要的荣誉感和成就感，拱手相送到对方手里。当对方的行为得到你真心实意地赞许时，他看到的是别人对自己努力的认同和肯定，从而使自己渴望别人赞许的愿望在荣誉感和成就感接踵而来时得到满足，并在心理上得到强化和鼓舞。他能养精蓄锐，更有力地发挥自身的主观能动性，向着自己的目标冲击。

在生活中，一个善于发现别人长处，善于赞扬别人优点的人，绝不是单方面的给予和付出，同时他也会得到很大的收获。不知你是否也有这方面的体验，赞扬别人，往往也会激励自己。

赞美别人首要的条件，是要有一份诚挚的心意及认真的态度。再者，要赞美别人时，也不可讲出与事实相差十万八千里的话。

赞美别人也要有技巧：

（1）赞美人方法要准，手法要新

对于初次见面的人，最好避免以对方的人品或性格为对象，而是称赞他过去的成就、行为或所属物等看得见的具体事物。如果赞美对方"你真是个好人"，即使是由衷之言，对方也容易产生"才第一次见面，你怎么知道我是好人"的疑念及戒备心。

如果赞美过去的成就或行为，情况就不同了。赞美这种既成的事实与交情的深浅无关，对方也比较容易接受。如果对方是女性，她的服装和装饰品将是间接奉承的最佳对象。

要恰如其分地赞美别人是件很不容易的事。如果称赞不得法，反而会遭到排斥。为了让对方坦然说出心里话，必须尽早发现对方引以为豪、喜欢被人称赞的地方，然后对此大加赞美，也就是要赞美对方引为自豪的地方。在尚未确定对方最引以为豪之处前，最好不要胡乱称赞，以免自讨没趣。

（2）善于从小事上称赞

真正聪明的人善于从小事上称赞别人，而不是一味地搜寻了不起的大事。从小处着手夸奖别人，不仅会给别人以出乎意料的惊喜，而且可以使你获得关心、体贴入微的形象。并不是所有小事都值得赞美。从小事情上赞美别人，需要把握一定的技巧。否则，你的称赞就会被别人认为大惊小怪。

要留心观察，细心思考。因为小事往往很容易被人们忽视。要想从小事赞美别人自己首先必须做一位有心人，善于发现赞美的事情，发掘潜藏于小事背后的重大意义。这就要留心观察，细心思考。

二、珍惜缘分 以和为贵

"百年修得同船渡，千年修得共枕眠"是我们大家都认同的一个俗语。能够成为同事，相处一起，不也是一种缘分吗？

人很喜欢讲"天命"，而且很多人相信天命。不少人把同事也当作一种"天命"。既是天命，好坏自有天注定，因而自己也就不再操心。我们认为，同事是另一种朋友，一种相互之间既有利益冲突又有合作基础的朋友。在日常生活中，为什么我们能宽容地对待朋友，却不能以同样的心态对待同事呢？

据有关专家调查发现，当人们产生优越感的意识时，对于他人的行为会以宽容的心情来对待。一个寒冬的早上，发动汽车使引擎发热的声音传来时，没有汽车的人多半都会对这种声音非常气愤。而拥有高级汽车的人，听了这种声音后，会谅解地说："他一定是买了便宜的车子。"

实际上就是如此，当自身有优越感时，就会轻易地原谅他人的冒犯。关于同事是缘，我们可以这样看，作为同一家单位的同事，如果同时进入单位、同时升迁的话，感情会更加密切。但是，如果其中一人升迁得特别快，另一人心中即会产生忌妒，两人的感情也将产生裂痕。

为什么感情的裂痕一般都是由升迁较慢的人引起的呢？原因

就是前面所提到的优越感意识。升迁较快者是不会找升迁较慢者的缺点的。然而，升迁慢的人，脾气会因此变得暴躁，结果只是令自己的人际关系更糟。其实，这是一种缺乏自信的表现。因为没有自信，担心自己不如别人干得好，所以产生了一种忌妒他人的心理，这是非常有害的。

可以这样讲，如果你永远拥有自信，你就能和同事保持良好的朋友关系。当你看到他人的缺点时，就该当心别让自己陷入不良的心理状况，而应当仍然充满自信，努力工作，赶超别人。那么，希望和别人相处融洽或一起愉快工作，对自己有信心是非常重要的。纵然自己未获得升迁机会，但是要相信只要努力工作，才华就不会被埋没，一样会有脱颖而出的机会。

这种健全心理是可以使我们的心态渐渐平和起来的，对于获得升迁者，就不会有忌妒和无谓的竞争心理了。这样在工作时就会得心应手，左右逢源。我们发现，有信心的人，会在工作中全力以赴，发挥自己的主动进攻精神和各方面的才能，进而把工作圆满完成。

相反，如果在接受了一项工作之后，还没开始做就先打起了退堂鼓，心里七上八下，感觉自己不行，那么注定你不会干好此项工作。我们肯定心理暗示的作用。"我能行"，这种心理暗示具有十分强大的魔力，这是保证工作出色、与同事保持良好关系的先决条件。那么，在经理分配给你一项任务之后，你就应该把此看作是获得了一次表现自己才能的机会，从而使出浑身的力量和各种招数，力争把工作干好，为自己的升职和加薪打好基础。

在与同事交往中，除了有与命运抗争的信心外，我们还必须经常地反省自己，通过镜子看一看我们的性格。每个人的性格都是不同的，性格纵然不能百分之百决定一个人的命运，至少会影响一个人的命运。

听说过这样一个故事：有一位离婚的女人，经人说媒，再嫁给一位男士，这位男士和妹妹同住。蜜月期一过，这个女人开始为了家业和小姑闹得不愉快，她性子刚烈，小姑脾气也不好；她不断向丈夫诉苦，丈夫变成夹心饼干，左右为难，因此也无法特别袒护妻子。后来她受不了，悄悄离家出走。不久之后，她回来办理了她这一生中的第二次离婚。

其实，姑嫂难以相处司空见惯，而这也不是没有解决的办法。譬如说她可以要求坐下来沟通，或是自己忍让对方，或是等到小姑出嫁，或是干脆要求小姑搬出去住。但她并没有想办法，反而按她一贯的性格行事，不忍、不让、不沟通，只想借离婚逃离现场，这就造成了她的"离婚命"。

另外一个故事也是这样。一个女孩，心地不坏，人也豪爽，但脾气却相当火爆，毫不妥协。同事之间难免有小纠纷，大部分人不是忍下来，就是找别的同事诉诉苦就算了。但这个女孩一遇"不对"，就大发雷霆，若受委屈，就非讨回公道不可，每次都把鸡毛蒜皮的小事弄得惊天动地，让别人下不了台。于是同事们开始排挤她，她受不了，辞职了。不过，她换了工作场所并没有跟着换掉脾气，三天两头就跟别人吵架，结果可想而知，她只好再换工作。假如她对自己的性格有所了解，是不是就不会演变到如此地步呢？

命运有绝大部分还是掌握在自己身上的。不过，人对自己的性格常是不自知的，因此反省的工夫很重要，虽不必一日三省，但绝不可忘记从自己的遭遇来反省自己性格的缺失。另外，别人善意的提醒和诤言也不可忽视，因为你的性格别人看得最清楚。

俗话说："江山易改，禀性难移。"所以，一个人改性格很难，因为那是与生俱来的，至于要不要改，你可思考一下前面所提到的两个故事，也可研究一些失意的人、落魄的人的性格。

在三国时期，也有个以"和"胜"杀"的故事。马超归顺刘备后，就被任命为平西将军，封都亭侯。马超见刘备待他宽厚，就大大咧咧地不注意君臣礼节了。他和刘备说话时经常直呼刘备的名字。关羽对此很生气，请求杀了马超，刘备不同意，当然杀马超是不对的，但任其这样放肆下去，也是不行的。张飞想出了一个计谋，他说："我们给他做出礼节的示范。"一天，刘备召集全体将领，关羽、张飞一同带着刀恭恭敬敬地站在刘备身旁。马超进帐后，看座席上没有关羽和张飞，抬头一看，见他俩站在那儿侍候，很受震动。论关、张二人的地位及与刘备的亲密关系都绝非马超可比。他们尚且如此执君臣之礼，怎能不令马超意识到自己的疏忽之处呢？此后马超再也没有越礼的举动，对刘备非常尊敬。

张飞不用一句话，也不伤一点和气，就让马超心服口服，知错改过。这种方法既符合曾国藩所说的"和气"原则，又平和地解决了问题，看似简单，确实是最为有效的手段。俗话说："和气致祥"，意思是和气相处可以带来吉祥。在一个家是如此，在一个单位和一个社会更是如此，"和气"是团结的基础，也是生财的基础，现代人更要讲究一团和气。

在面临着诸多问题时，你有了信心，有了正确的心态，同时又有了和善的性格，却也有办不成的事、处理不好的问题，这就需要我们有经验，勤思考，善于抓住事物的重点，把事情前思后想，认真听取同行的有益意见，合理采纳，做出一个十全十美的决策。

（一）同舟共济　相扶相帮

在战场上，若上下一心，势必士气旺盛，众志成城。打仗时个个奋力向前，当然就攻无不克，无坚不摧了；如果上下离心，那么必然军心涣散，号令不明，以之对阵，焉能不败呢？《孙子兵法·谋攻》中说："上下同欲者胜。"意思是说大家团结一心，同舟共济就没有不胜的道理。兵战如此，处世亦是如此。

一个富有哲理性的故事：

天鹅、乌龟和小虾拉一辆车。天鹅拼命往天上飞，乌龟拼命往岸上拽，小虾拼命往水里拉，可是车子却动也不动。因为它们拉车的目标没有取得一致。目标不统一、方向不统一，其结果自然是徒劳无益的。

（二）微笑着面对同事

笑容是一个最具风情的表情。如果一个人每天都是春风满面，笑容可掬，别人对他的感觉和印象肯定会特别深刻。微笑能使人的魅力大增，收到意想不到的效果。微笑是一个人良好心境的外在表现，同时也会融洽周围的环境，使其获得一个升迁与发展的好机会。

有过这样的情景，在旅游景点前，大伙见到了弥勒，就是那位"开口就笑，笑天下可笑之事"，整天笑容可掬的菩萨，看到他那样快乐，人们也禁不住开心大笑。所以说一个人要让自己的笑容感染其他人。弥勒为什么能永远微笑呢？这是一个超乎正常人心理的具有非常人的生理现象。

我们的生活、工作快乐与否，完全取决于我们对人、事、物的看法如何。因为，生活是由思想造成的，只有拥有快乐的思想才会有生活、工作的快乐，才会友善地与同事相处，哪怕他是你的敌人。只要我们挺起胸膛，脸上永远保持微笑，笑对一切人、事，就会取得意想不到的效果。

有一位心理学家叫多湖辉，他认为：笑是胜利的表现形式。的确，笑可以看作是优越感的流露。体育竞赛中的优胜者常常面带微笑，这无疑是胜利优越感的表露。就连人们看小品、听相声时所发出的笑，都包蕴着一种与那些被艺术化了的丑角相比较所产生的优越感："换了我，绝不会干那种蠢事！"

假如你积极地利用笑的这一功能，就能缓和与"敌人"的关系。翻翻身边现有的漫画或读读幽默小说，就能使你心情开朗，情绪高涨。也就是借助外部条件的刺激而使自己由衷地发笑，重新拥有优越感、恢复自信心。

面对世事，愁肠百结永远解决不了实际问题。消沉的时候，主动创造出能够开怀大笑的环境才最为重要。看看夸张、谐趣的漫画，读读幽默、调侃的小说，你的愁眉苦脸肯定会在不知不觉间变得笑逐颜开。

听人讲，有一个漫画家，在缺乏创作灵感而苦恼万分时，常常来到自己不满三岁的儿子面前，一边在嘴里念叨着："糟啦！糟啦！画不出来啦！"一边在地板上不住地翻筋斗。儿子被父亲滑稽可笑的样子逗得前仰后合。他看到儿子"咯咯"地笑个不停的时候，自己不禁也感到十分惬意。

这是他在用十分滑稽的形式进行自我解嘲，以使自己的心情处于十分放松的状态。经过这样的心理调节，灵感也许会突然而至。这真不愧是一种能够出色地转变人情绪的自我暗示方法。

我们可以得到这样一个道理：深刻超过了一定限度则会变为滑稽，这一事实我们在喜剧中常会见到。而现实中的悲剧，我们如能对它做些夸张处理和表现的话，就能使它转变为"喜剧"，如果体会不到这其中的深意，不妨看看喜剧明星的电影，他们将这个道理诠释得淋漓尽致。

假如我们遇到挫折时，不妨用"如果人们知道了我的失败，说不定全世界的人都会为我悲伤"或"唯有这一次失败，才能作为一生中最大的失败而载入我的历史"等通过夸张手法对自己的失败现实进行解释的话，自己就会觉得这一现实不是真的，于是悲剧就有可能转变成为喜剧，心情也会轻松很多。

有一首歌曲唱道：只要有了笑，世界就是天堂，无论是失望还是不幸，只要能以微笑的姿态对待它，我们就会感到无比轻松，能帮你化解仇恨。笑不仅可以使你从不幸中挣脱出来，同时也可以感染别人，让别人从不幸中挣脱出来，给别人快乐。

《将相和》的故事已家喻户晓，正是因为有了"相逢一笑泯恩仇"的大度，蔺相如的"光辉形象"才得以永载史册，赵国也才能盛极一时。用微笑去面对鲜花，也用微笑去面对冷箭，你才能够拥有灿烂的人生。

（三）勿贬他人　抬高自己

自己努力上进，当别人奋发向上的时候，当别人已经超过了自己的时候，要对别人持一种欣赏、羡慕的正确态度，并且以满腔热忱的态度帮助同事成长进步，需要的时候，甚至可以当"人梯"，让别人踩着自己的肩膀冲上去。

现在的社交崇尚自我表现。善于交际应酬的人，总是尽量把自己的长处呈现于朋友同事面前。比如，伶俐的口才，渊博的学识，温文尔雅的举止，典雅的服饰，都会给人带来一个良好的印象。所说的"抬高自己"，在一定意义上说就是努力表现自己。适当地抬高自己并不是清高自负。在言行上贬低别人，如用旁若无人的高谈阔论、矫饰的表情、夸张的动作来表现自己，就会使人产生反感。

某单位的李女士，每天总是利用一切机会让人们知道她的存在。一位老兄在遗憾儿子差两分没被清华大学录取时，一旁的李女士生怕没了机会，插嘴道："真是的，我那儿子也不争气，要升初中了，才考了99分。"旁人不难看出，她到底是自贬还是自夸。一年秋季，她办完调动手续，满以为会被热情欢送，岂料送行的只有一名例行公事的干部。

例子中李女士的表现就是抬高自己贬低别人，像这种人生活中还有很多。

如果对他人心怀不满，不惜损害别人的人格，或者"鸡蛋里挑骨头"，或者造谣生事，竭尽诬蔑诽谤之能事，那么，其结果既损害了我们的事业和同事的感情，又"搬起石头砸了自己的脚"，损害了自己。这样，不但没有抬高自己，相反，却被人憎恶，使自己难以在社会上立足。

如果有人言谈举止不得体，或是某位女性服饰不美，你也不要显出自己的优越感，对人投以鄙视的目光。如果你与某人话不投机，你应该认识到，对方有权保持自认为正确的思想和行为方式，不必为此而挑起舌战。如果有人对你不客气，你用不着计较，更不必反唇相讥，可一笑置之。

显现自己和贬低别人，其表现往往是一步之差，关键在于把握一个适当的分寸。自己的身份、自己对某种技术的掌握程度，以及是否与当时的气氛和谐等都是应考虑的，在此基础上，充分发挥优势，就可能博得别人的好感。若没有这些修养，引人注目只能是虚张声势。用旁若无人的高声谈笑、矫饰的表情、夸张的动作来表现自己，其结果往往适得其反。

（四）言有分寸 不伤他人

人际交往中的分寸感是一种智慧和能力，需要不断锻炼。无论得意时还是失意时，都需要不断自我反思与锻炼。说话尺度就是分寸感中最难掌握的，有些人不懂得说话时掌握分寸，因此常常得罪人，不利于人际交往。

从前，有一个爱说实话的人，什么事情他都照实说，所以，不管他到哪儿，总是被人赶走。这样，他变得一贫如洗，无处栖身。

最后，他来到一座修道院，指望着能被收留。修道院的院长见过他问明了原因以后，认为应该尊重那些热爱真理、说实话的人，于是，把他留在修道院里安顿下来。修道院里有几头牲口已经太老了，院长想把它们卖掉，可是他不敢派手下的人到集市去，怕他们把卖牲口的钱私藏腰包。于是，他就叫这个人把两头驴和一头骡子牵到集市上去卖。

这个人在买主面前只讲实话说："尾巴断了的这头驴很懒，喜欢躺在稀泥里。有一次，长工们想把它从泥里拽起来，一用劲，拽断了尾巴；这头秃驴特别倔，一步路也不想走，他们就抽它，因为抽得太多，毛都秃了；这头骡子呢，又老又瘸。如果干得了活儿，修道院的院长干吗要把它们卖掉啊？"结果买主们听了这些话都走了。这些话在集市上一传开，谁也不来买这些牲口了。于是，这个人到晚上又把它们赶回了修道院。

院长发着火对他说："朋友，那些把你赶走的人是对的。不应该留你这样的人！我虽然喜欢实话，可是，我却不喜欢那些跟我的腰包作对的实话！所以，老兄，你走吧！你爱上哪儿就上哪儿去吧！"就这样，这个人从修道院里被赶走了。

真正有远见的人不仅在与同事一点一滴的日常交往中为自己积累最大限度地"人缘儿"，同时也会给对方留有相当大的回旋余地。给别人留点面子，实际也就是给自己挣面子。

做任何事，进一步，也应让三分。留余地，就是不把事情做绝，不把事情做到极点，于情不偏激，于理不过头。这样，才会使自己得以最完美无损的保全。

李世民当了皇帝后，长孙氏被册封为皇后。当了皇后，地位变了，她的考虑更多了。她深知自己作为"国母"，其行为举止对皇上的影响相当大。因此，她处处注意约束自己，处处做嫔妃们的典范，从不把事情做过头。她不奢侈，吃穿有度，除了宫中按例发放的，不再有什么要求。

她的儿子承乾被立为太子，有好几次，太子的乳母向她反映，东宫供应的东西太少，不够用，希望能增加一些。她从不把资财任情挥霍，从不搞特殊化，对东宫的要求坚决没有答应。她说："做太子最发愁的是德不立，名不扬，哪能光想着宫中缺什么东西呢？"她不干预朝中政事，尤其害怕她的亲戚以她的名义结成团伙，威胁李唐王朝的安全。

李世民很敬重她，朝中赏罚大臣的事常跟她商量，但她从不表态，从不把自己看得特别重要。李世民要对她的哥哥委以重任，她坚决不同意。李世民不听，让长孙皇后的哥哥长孙无忌做了吏部尚书，皇后派人做哥哥工作，让他上书辞职。李世民不得已，便答应授长孙无忌为开府仪同三司，皇后这才放了心。此后的朝政官任中，长孙无忌也经常受到皇后的教导，成为一代忠良。

长孙皇后得意时不把各种好处占全，不把所有功名占满，实在是很好地坚持了为自己留余地的天规。这样，不但不会使自己招致损害，而且还使自己在未来的人生旅途中进退有据，上下自如。

给别人留余地，实际上也是给自己留余地。断尽别人的路径，自己路径亦危；敲碎别人的饭碗，自己饭碗也脆。不让别人为难，不让自己为难，让别人活得轻松，让自己活得阔绰，这就是让三分、留余地的妙处，是处世交往的良方。

聪明人在与同事交往的过程中，要想不伤及他人的面子就要学会尊重他人。尊重，是一种豁达、一种理解、一种激励，更是大智慧的象征，强者显示自信的表现。宽容是一种坦荡，可以无私无畏、无拘无束、无尘无染。

战国时期，楚王有一次宴请臣下，中途灯忽然灭了，一个喝醉了的将军拉扯楚王妃子的衣服，妃子扯下了将军的帽缨，要求楚王追查。楚王为保住将军的面子，下令所有人一律在黑暗中扯掉自己的帽缨，然后才重新点灯，继续宴会。后来，这位被宽容了的将军以超常的勇武为楚国征战沙场。

可见，保住别人的面子，就是给别人一个悔改的机会。多一个朋友总比多一个敌人要好得多，因此，做人还是要懂得他人的感受，不要把事情做绝，给他人面子也是给自己留有余地。

安妮是一位食品包装业的行销专家。她的第一份工作是一项新产品的市场测试。可是，她却犯了一个大错，整个测试都必须重来一遍。当她开始向上司报告时，她恐惧得浑身发抖，以为上司会狠狠地训她一顿。可是上司不是她想象中的那样，而是感谢她的工作，并强调在一个新计划中犯错并不是很稀奇的。而且他有信心等待第二次测试对公司更有利。上司保留了安妮的面子使她深为感动。果然第二次测试她进行得十分成功。

时时想到给他人留面子，这是很重要的问题。而我们却很少有人考虑到这个问题。许多人常常喜欢摆架子、我行我素，在众人面前指责同事或下属，却没有考虑到是否伤了别人的自尊心。其实，只要多考虑几分钟，讲几句关心的话，为他人设身处地想一下，就可以缓和许多不愉快的场面。

张小姐在某国家机关做办公室文员，她性格内向，不太爱说话。可每当就某件事情征求她的意见时，她说出来的话总是很伤人，而且她的话总是在揭别人的"短处"。有一次，同一部门的同事穿了件新衣服，别人都说"漂亮""合适"之类的话，可当这位同事问张小姐感觉如何时，她便毫不犹豫地回答说："你身材太胖，不适合。这颜色对于你这个年纪的人显得太嫩，根本不合适。"这话一出口，原本兴致勃勃的同事表情马上就僵住了，而周围大赞衣服如何如何好的人也很尴尬。因为，张小姐说的话就是大家都不愿说的得罪人的"老实话"。

虽然有时她也很为自己说出的话不招人喜欢而后悔，但她总是忍不住说些让人接受不了的实话。久而久之，同事们把她排除在集体之外，很少就某件事再去征求她的意见。她也成了这个办公室的"外人"。

一个心理成熟、懂得社交技巧的人应该知道在什么时候该以怎样合适的方式说话办事。实话不一定要直说，可以幽默地说，婉转地说或者延迟点说，也可以私下交流而不是当众说，等等。同样是说实话，用不同的方式说，效果会有很大的不同。

要想在职场交际中如鱼得水，就要懂得维护他人自尊，保存他人的面子。懂得宽容和谅解，才能获得他人的尊重和真心的付出。

当与别人相处时一定要注意，切记不要在失意者面前谈论你的得意。你可以在演说的公开场合谈，对你的员工谈，享受他们投给你钦佩的目光，更可以对路边的陌生人谈，即便会让人把你当成神经病，就是不要对失意的人谈，因为失意的人最脆弱，也最多心，你的谈论在他听来都充满了讽刺与嘲弄的味道，让失意的人感受到你"看不起"他。

有一天，小王约了几个朋友来家里吃饭，这些人都是他以前的旧友。他把他们聚集在一起主要是想借着热闹的气氛，让此刻正陷于情绪低潮的小高心情好一点。

小高不久前因经营不善不得已将公司关闭，妻子也因为不堪现在的生活压力，正与他谈离婚的事，内忧外患，他现在非常苦恼。

来吃饭的朋友都知道小高目前的遭遇，因此大家都避免去谈与事业有关的事，可是，其中一位朋友因为刚刚赚了很多钱，酒一下肚，忍不住就开始谈他的赚钱本领和花钱功夫，那种得意的神情，在场的人看了都有些不舒服。正处于失意中的小高低头不语，脸色非常难看，一会儿去上厕所，一会儿去洗脸，后来就找了个借口提前离开了。

小王送他到巷口的时候，小高很生气地说："会赚钱也不必在我面前说嘛！"小王此时非常了解小高的心情，因为他也经历过事业的低潮，正风光的亲戚在他面前炫耀薪水、高档的房子、名贵的汽车，那种感受，就如同把针一根根插在他心上那般，说有多难过就有多难过！

不在失意者面前谈论你的得意，这不仅是道德上的考虑，也是人际关系上的考虑。开玩笑要看准对象，人们之间可以适当开开玩笑活跃气氛，融洽关系。但开玩笑一定要适度。

白小姐是一家公司的外勤人员，是个聪明伶俐的女孩。她脑子灵活，言辞犀利，还有丰富的幽默细胞，无论到哪儿都是颗"开心果"。但如此可爱的白小姐，却得不到老板的青睐。

白小姐工作非常努力，有一次她加了一整夜的班，第二天一大清早赶到公司。满身疲惫的她却被老板不分青红皂白地批评，说她工作不够仔细、状态差等，任她怎么解释都不行。白小姐委屈极了，向比较谈得来的老员工请教，对方反问她说："想想你平时有没有在言辞上对老板不敬啊？"

这么一问，白小姐想起来了，自己平时就爱与同事开玩笑，后来看老板斯斯文文，对下属总是笑眯眯的，她胆子一大，就开起了老板的玩笑。有一天，老板穿着一身新西装来上班。别人都是微笑地对老板说："您今天真精神啊！"只有白小姐夸张地大叫："老板，你今天穿新衣服了！不过款式好像是去年流行过的啊！"现在回想起来，当时老板的脸色真是特别难看。

还有一次，白小姐带着刚刚谈好的客户和协议来找老板签字。看到老板龙飞凤舞的签名，客户连连夸奖老板："您的签名可真气派！"白小姐听了又是一阵坏笑："能不气派吗？我们老板可暗地里练了三个月了！况且这是他写得最多的文字。"此言一出，老板和客户都陷入了尴尬。

想到这些，一向快言快语的白小姐再也高兴不起来了。原来这就是她虽然聪明能干，却无法受到重用的原因。

开玩笑的确可以拉近同事间的距离，缓和人际关系，但如果玩笑有人身攻击的成分，就变成了黑色玩笑。黑色玩笑对人际关系的破坏力很强，黑色玩笑的背后往往隐含着一个人的弱点，任何人都不会笑着面对被揭开的疮疤。

开玩笑本是人与人之间交往的润滑剂，玩笑开得恰当、得体、幽默、风趣，会为周围的人带来欢愉。但有些人因为玩笑开得出格而导致朋友反目，甚至闹出流血、人命事件。可见，开玩笑也要把握尺度，讲究对象、语言和方法。

（五）能屈能伸　灵活变通

首先是"能屈"，然后才是"能伸"。只有先"屈"，蓄上力，才能"伸"得舒展。想一直保持伸直状态，是不可能的，也是不现实的。

公元前497年，吴越两国在夫椒交战，吴国大获全胜，越王勾践被迫退居到会稽。吴王派兵追击，把勾践围困在会稽山上，情况非常危急。此时，勾践听从了大夫文种的计策，准备了一些金银财宝和几个美女，派人偷偷地送给吴国太宰，并通过太宰向吴王求情，吴王最后答应了越王勾践的求和。但是吴国的伍子胥认为不能与越国讲和，否则无异于放虎归山，可是吴王不听。越王勾践投降后，便和妻子一起前往吴国，他们夫妻俩住在夫差父亲墓旁的石屋里，做看守坟墓和养马的工作。

夫差每次出游，勾践总是拿着马鞭，恭恭敬敬地跟在后面。后来吴王夫差有病，勾践为了表明他对夫差的忠心，竟亲自去尝夫差大便的味道，以便判断夫差病愈的日期。夫差病好的日期恰好与勾践预测的相合，夫差认为勾践对他敬爱忠诚，于是就把勾践夫妇放回越国。越王勾践回国以后，立志要报仇雪恨。为了不忘国耻，他睡在柴薪之上，坐卧的地方挂着苦胆，表示不忘国耻，不忘艰苦。经过10年的积聚，越国终于由弱国变成强国，最后打败了吴国，吴王羞愧自杀。

这就是"卧薪尝胆"的故事，讲的就是"大丈夫能屈能伸"的道理。

关羽遭东吴杀害后，魏、蜀、吴之间的关系立刻紧张起来。孙权为嫁祸于人，将关羽首级星夜送往魏都洛阳，企图让刘备误会是曹操的原因，关羽才被杀，让刘备痛恨曹操，不至于向自己进兵。曹操却将关公的首级，取一香木身躯配之，封官加冕，以王侯之礼葬于洛阳南门外，意在使刘备心恨孙权，尽力南征。刘备念念不忘兄弟之情，所以在称帝之后，就不顾群臣谏言，大举进攻东吴。

孙权在这种不利的条件下，权衡利弊：如果东吴当时只是单纯对付前来报仇的刘备，还不是力不能及。然而刚刚称帝的曹丕如果同时来袭，东吴就难以招架了。在这种艰难处境下，为了摆脱被动局面，孙权采取了政治上和外交上忍辱负重的灵活政策，获得极大成功。

首先，孙权力争和刘备讲和。他不惜屈尊纡贵，向刘备"上表求和"，并做出了重大的让步：一、将孙夫人送回成都；二、缚还糜芳、傅士仁等降将；三、将荆州仍旧还给西蜀；四，与刘备永结盟好，共反曹丕。孙权的这些让步，就是要回到以前的策略上来，使吴、蜀重修归好，孤立曹魏。从长远的利益来看，这对吴、蜀两家都有好处。

但刘备念弟心切，断然拒绝孙权的建议，做了一次鲁莽错误的决定。孙权看到吴蜀交兵已不可避免，又立即对曹丕"写表称臣"。曹丕也想乘机孤立刘备，先反西蜀，他派使者到东吴，封孙权为吴王。当时东吴文武百官纷纷劝谏道："将军应自称上将军，九州伯之位，不应当受魏国帝王的封爵。"孙权反驳道："当日沛公刘邦受项羽的封号，只是出于彼时罢了，现在我的处境也像刘邦，为什么要推却曹丕的封号呢？"他不顾顾雍、徐盛等人的极力阻挠，亲自率领百官出城迎接魏使，恭顺地接受了曹丕的封爵。这样，魏国在吴蜀交战时起码能站在中立的位置，不致使东吴两面受敌。

孙权用屈辱忍耐的方式求得一种生存方式，他在吴蜀交战中终于取得胜利，表现了他能屈能伸的英雄本色。

某大公司为了新开发的产品是属于都市型还是乡村型而产生两派相对的意见，引起相当大的争论。总经理看属下这么争论不休，便宣布暂不开会。当再度开会时，本来主张是乡村型的某个人发言道："确实是这样的吗？我还以为是乡村型呢，可是大家若主张是都市型的话，我也会觉得不无道理。因为我从小在乡村生活，对都市不太了解，也许真的是都市型那也说不定。"

这时本来一直唱反调的反对派也突然安静下来，经过一阵耳语之后，反对派的领导人也说："我也是都市长大的，对于乡村的事也不太了解，所以不敢断言这是都市型还是乡村型，我只是觉得像是都市型。"情况终于慢慢软化下来。当然后来展开了长时间的讨论，结论是属于乡村型，而且本来对立的双方，心中都没有芥蒂地欣然赞成。

这的确是"大丈夫能屈能伸"的典型例子，暂时收回个人的意见，提出有意接近对方的说法，而使原先保持强硬态度的对方，最后赞成我方的说法。

俗语云："人之不如意十之八九。"特别是在我们年轻时，更是坎坷不断，艰难险阻，困难重重，"吃得苦中苦，方为人上人"，这一句话要一直铭记于心。那些成功人士应该在年轻的时候，碰到更多的挫折，才能在以后成长为"领导"，也就是说他们"屈"的绝对数量应该比常人多，后面的人生才活得更加灿烂。这样说来，人一生"屈""伸"基本是守恒的。

所谓灵活变通，跟滑头性格与做事没有原则是扯不上边的。因时制宜，在某种特定环境之内，配合需求，设计出最好的可行方案，这才是灵活变通。

"刻舟求剑"讲的是这样一个令人捧腹的故事：战国时，楚国有个人乘船渡江。他佩带的剑掉到了江里。他立即做出的反应是在船舷上刻一个记号，并自言自语地说："我的剑是从这里掉下去的。"船靠岸之后，他立即从刻下记号的地方跳进水里去找自己的剑。结果当然是找不到的。这则寓言故事用来讽刺那些办事拘泥固执、不知变通的人。

战国时期，秦国有个人叫孙阳，精通相马，人们都称他为伯乐。为了让更多的人学会相马，孙阳把自己多年积累的相马经验和知识写成了一本书，配上各种马的形态图，书名叫《相马经》。孙阳的儿子看了父亲写的《相马经》，以为相马很容易。

于是，就拿着这本书到处找好马。他按照书上所画的图形去找，没有找到。又按书中所写的特征去找，最后在野外发现一只癞蛤蟆，与父亲在书中写的千里马的特征非常像，便兴奋地把癞蛤蟆带回家，对父亲说："我找到一匹千里马，只是马蹄短了些。"孙阳一看，气不打一处来，没想到儿子竟如此愚蠢，悲伤地感叹道："所谓按图索骥也。"这个故事出自明朝杨慎的《艺林伐山》，也是成语"按图索骥"的由来。这个寓言故事有两层寓意，一是比喻按照某种线索去寻找事物，二是讽刺那些奉行教条主义的人，机械地照老方法办事，不知变通。

在现实生活中，事物总是处在变化之中的，我们要善于用发展的眼光去看待、研究、解决问题。

美国威克教授曾经做过一个有趣的实验：把一些蜜蜂和苍蝇同时放进一只平放的玻璃瓶里，使瓶底对着光亮处，瓶口对着暗处。结果，那些蜜蜂拼命地朝着光亮处挣扎，最终气力衰竭而死，而乱窜的苍蝇竟都溜出细口瓶颈逃生。只知道执着的蜜蜂走向了死亡，知道变通的苍蝇却生存了下来。

这一实验告诉我们：在充满不确定性的环境中，有时我们需要的不是朝着既定方向的执着努力，而是应在随机应变中寻找求生路；不是对规则的遵循，而是对规则的突破。我们不能否认执着对人生的推动作用，但也应看到，在经常变化的世界里，灵活机动的行动比有序的衰亡好得多。

人之所以不同于低等动物，关键是人的脑子灵活。既然如此，遇到了问题就应该灵活地处理，用这个方法不成就换另一个方法，总有一个方法是对的。做人做事要学会变通，不能太死板，要具体问题具体分析，前面已经是悬崖了，难道你还要跳下去吗？不要被经验束缚了头脑，不要为制度条条框框所桎梏，要冲出习惯性思维的樊笼，执着很重要，但盲目的执着是不可取的。

日常生活中，时常会出现双方为了一件事不相互退让而僵持不下的时候，这时候最好率先做一些弹性处理。

日本某公司总经理下达任务，部下说："不行，绝对不可能全部完成，顶多只能完成百分之五十。"但总经理站在公司立场，仍然坚持要求全部完成。总经理把各种客观资料当作武器，逼迫部下一定要如期完成全部工作，在总经理威怒之下，而且即将说出"这是命令"之前，这位部下才说："好吧，既然你这么说，我明白这是太过勉强的事，也只好做到百分之七十了。"就这样继续激烈交涉下去，最后终于以百分之七十作为目标，结束了此次的交涉。

在彼此都不肯让步的状态下，这种表面上的让步有时会收到意外的效果。仔细想的话，彼此之所以会陷入僵持状态，是因为彼此都不愿意退让，所以考虑做形式上的让步，是牵制对方先机的秘诀。

像前述部下刚开始就先建立某种程度的伏线，当对方提出许多必要的要求时，再以让步似的姿态说："好，这点我可以让步，这点我也可以让步，但是这点不行……"让自己的希望安全通过，这也是一个很好的方法。

随机应变，灵活变通是一种智慧，这种智慧让人受益。我们要记住的是：任何事情，要是都能用积极的心态、多换几个角度思考，肯定都会有通融的办法的。"红灯亮了绕道走"——学会多角度灵活地看待、处理问题，生活会因此而大放光彩的。

（六）相互信任　信守承诺

没有信任，根本就无法建立有效沟通，信任是沟通的基石。只有相互信任才能产生有效的沟通交流，那么，即使完全信任，是不是就能真正达成有效沟通？答案是否定的，当双方选择相同，信任与沟通是保持一致的；而当双方选择不一致时，信任并不一定能导致有效沟通，并且沟通的结果反而可能招致不信任的产生。另外，由于信任属于意识，而沟通属于行为，意识并不一定代表行为的必然发生。当然，没有信任，完全的沟通与完全的信任都是不可能的。

信任应该是某个特定方面的信任，沟通也是特定方面的沟通。这种因素就是双方的取向。在双方目标取向一致时，随着沟通的增加，双方信任程度上升；而信任的结果，使得双方能够产生有效沟通。

信任是一把钥匙。不必抱怨人间冷暖、世态炎凉，其实，每一颗蒙尘的心都能够感知生活的恩情，只要你拥有信任的钥匙，那些关闭的心都会纷纷向你敞开。试着去相信别人，别人也会相信你，这样就能找到沟通的切入点，进行有效的沟通。

一个保险业务员，好不容易见到了目标客户，对方却给了她一枚硬币，说是给她回家的路费。当时她很生气，在她扭头要走的一瞬间，她看到客户的办公室里挂了一张小孩的画像，于是她对画像深鞠一躬说："对不起，我帮不了你了。"客户大为惊讶，忙问究竟，于是头一单生意就这样谈成了。原来这个客户最爱护他的儿子，所以把儿子的画像挂在办公室里天天看，保险业务员就是认识到了这一点，说服了这个客户为自己的儿子买了一份保险。

沟通的切入点很重要。这需要收集到足够多的信息，找准对方关心的事情，消除其抗拒心理，从而调动对方的参与程度，增加成功沟通的概率。

诚信是人际沟通的重要原则，它是基础，也是关键。没有了诚信，何谈人际沟通？试想一下，一个经常讲假话的人来和你商量事情，你信他哪句话好呢？能有沟通的效果吗？当然没有！

诸葛亮在第四次出祁山之前，长史杨仪曾向他献了一个分兵轮战的建议："数次兴兵，军力疲惫，粮草又很难供应及时；现在不如把军队分成两班，以三个月为期，循环作战，徐徐而进，中原就有希望攻下了。"诸葛亮采纳了杨仪的建议，率一半军队前去作战，另一半军队休整、种田，以百日为期限，轮流作战。

却说轮流作战的日子来了，诸葛亮便令前线部队各自收拾起程，准备返回后方。谁知刚刚下令，哨兵来报告，说曹军二十万前来助战，司马懿亲自点兵欲攻卤城。在这新兵未到，老兵欲行，敌人即将发起大规模进攻的危急时刻，部将都极力劝诸葛亮将换班人马暂且留下，待新兵来到再返回后方。

面对部将的劝说，诸葛亮说道："我用兵命将，以信为本；既然已经有令在先，怎么可以失信于他们呢？况且应该回去的蜀兵都已经收拾好，他们的父母妻子在家里倚门而望，盼望他们的亲人回家。我现在即使面临大难，绝不能再留他们了。"于是，诸葛亮传令："叫那些应该回去的士兵，当天便起程吧。"当众军听说此事后，群情激奋，他们一致要求留下来抗敌。他们发誓说："我们就是舍上一条命，也要杀退魏兵，报答丞相的恩德信义。"孔明勉强写了一封推荐信，派人送到季布那里。

季布读了信后，很不高兴，准备等曹丘生来时，当面教训教训他。过了几天，曹丘生果然登门拜访。季布一见曹丘生，就显露出厌恶之情。曹丘生对此毫不在乎，先恭恭敬敬地向季布施礼，然后慢条斯理地说："我们楚地有句俗语，叫作'得黄金百两，不如得季布一诺'。您是怎样得到这么高的声誉的呢？您和我都是楚人，如今我在各处宣扬您的好名声，这难道不好吗？您又何必不愿见我呢？"

季布觉得曹丘生说得很有道理，顿时不再讨厌他，并热情款待他，留他在府里住了几个月。曹丘生临走时，还送他许多礼物。曹丘生确实也照自己说过的那样去做，每到一地，就宣扬季布如何礼贤下士，如何仗义疏财。这样，季布的名声越来越大。后人用"一诺千金"形容一个人很讲信用，说话算数。

三国时期，刘备和孙权联合起来攻打曹操。蜀国的军师诸葛亮和东吴的都督周瑜经常在一块儿商量军情。可是，东吴的都督周瑜心胸狭窄，不能容忍诸葛亮比自己高明，认为诸葛亮日后一定是东吴的大祸害，就想设计害死他。

有一天，周瑜请诸葛亮前来议事。他请诸葛亮在10天之内造出10万支箭，诸葛亮说只需3日。果然，诸葛亮神机妙算，算出3日后必有大雾，不但用"草船借箭"的方法从曹操那里得了箭，还估计出一共得箭多少支。

诸葛亮轻摇羽扇潇洒地对鲁肃说："你有所不知啊，我方才静听舱外箭雨之声，心中默数，算来此次曹贼所赠之箭应有12.5111万枝！"鲁肃听得张口结舌，心中暗想："这人莫非神仙下凡？"不一会儿，小卒进来禀报，共得箭12.5100万枝。鲁肃顿时大惊失色，诸葛亮虽多算了11支箭，但预算能精确到百位，却也非凡人可以企及的。鲁肃正要恭维一番，却见诸葛亮面色凝重，便不敢出声，想来他是为误差11支箭而懊恼。

诸葛亮严肃地对小卒说："你们仔细清点了吗？"

在小卒眼里，诸葛亮就是神仙，见他脸色难看，吓得扑通跪下："回禀先生，确定细细清点了，不敢有分毫差错。"

鲁肃严厉地对小卒喝道："再去重新清点，检查一下船舷等处有没有查漏之箭。有错漏者军法从事！"

小卒应声下去了。

鲁肃诚恳地对诸葛亮说："12万多支箭，先生只漏数了11支，我已经很佩服。偶有一两支没有戳稳的箭落入水中也是难免的。先生何必这么严格地要求自己呢？"

小卒再次来禀报，经过核实，仍旧只有12.5100万支箭。

诸葛亮看着小卒的背影，长叹一声，坐倒在舱板上，神色很难看，好久没有说话。快到东吴水寨时，诸葛亮像突然想起了什么似的，对着鲁肃深深地鞠了一个大躬。

鲁肃连忙起身还礼，说："先生为什么对我行这么大的礼啊？"

诸葛亮说："我有一事相求，听声数箭一事，请代为保密，不要外传，我感激不尽。"

鲁肃说："先生真是个诚实的人啊！仅数差11支箭，在一般人看来已经是神仙一样高明了，您却为这件事感到惭愧，鲁肃佩服先生的为人，替先生保密就是。"鲁肃果然是诚信君子，听声数箭的事从未对任何人讲过。

因此，历史上只有"草船借箭"而没有"听声数箭"的记录。

凡是你答应的事，一定要办到。否则，你不要轻易做出许诺，实现你的承诺，不管是大的承诺，还是小的承诺，只有这样才能得到别人的尊重。

"言必信，行必果""一言既出，驷马难追"这些流传了千百年的古语，都形象地表达了中华民族诚实守信的品质。诚实守信、信守诺言是为人处事的一种美德，更是为人处世之本。

我国是个文明古国、礼仪之邦。历来重视诚实守信的道德修养。"诚信者，天下之结也"，意思是说讲诚信，是天下行为准则的关键。一个人要想在社会立足，干出一番事业，就必须具有诚实守信的品德。诚实守信首先是一种社会公德，是社会对做人的基本要求。

曾子是个非常诚实守信的人。有一次，曾子的妻子要去赶集，孩子哭闹着也要去。妻子哄孩子说："你不要去了，我回来杀猪给你吃。"她赶集回来后，看见曾子真要杀猪，连忙上前阻止。曾子说："你欺骗了孩子，孩子就会不信任你。"说着，曾子就把猪杀了。曾子不欺骗孩子，也培养了孩子讲信用的品德。

郑周永承包下一座大桥的修建工程。由于战时物价上涨，开工不到两年，工程费总额竟比签约承包时高出了7倍。在这严峻的时刻，有人好心地劝阻郑周永赶紧停止施工，以免遭受进一步的损失。但郑周永另有一番想法：金钱损失事小，维护信誉事大。于是他鼓起勇气毅然决定：为了保住企业的信誉，他宁可赔本甚至破产，也要按时把工程做完。结果，企业付出了巨大的代价，终于按时完工，保质保量地按时交付使用。

郑周永虽然吃了这回大亏，以致濒临破产，但也因此树起了恪守信用的形象，赢得了人们的信任，生意一个接一个地找上门来。不久，他投标承包韩国的四大建设项目：韩兴土建、大业、兴和工作所和中央产业，承建了汉江大桥的第一期工程。接着，又继续承建了汉江桥的第二、第三期工程。仅是汉江大桥这三项重大工程就前后花了整整10年的时间，它不仅使郑周永的企业赚得了丰厚的利润，而且压倒了同行对手，一跃成为韩国建筑行业的霸主。

中国古代也有不讲诚信而自食恶果的例证。

西周建都于镐，接近戎人居住的地方。周天子与诸侯相约，要是戎人来犯就点燃烽火、击鼓报警，诸侯来救。周幽王的爱妃不爱笑，唯独看到烽火燃起，诸侯的军队慌慌张张从四面赶来时而大笑不止。周幽王为博得爱妃高兴，数次无故燃起烽火，诸侯的军队多次赶到而不见戎人，认为受了骗。后来戎人真的来了，当烽火再燃起时，已无人来救。最终周幽王被杀于骊山之下，为天下人所耻笑。

诚实和守信两者意思是相通的，是互相联系在一起的。诚实是守信的基础，守信是诚实的具体表现，不诚实很难做到守信，不守信也很难说是真正的诚实。诚实侧重于对客观事实的反映是真实的，对自己内心的思想、情感的表达是真实的。守信侧重于对自己应承担、履行的责任和义务的忠实，毫无保留地实践自己的诺言。

坚守诚信，才能守住心灵的契约，赢得做人的尊严。

（七）与人为善　真诚待人

以德报怨是中华民族的优良传统，这是人生的一种很高的境界。要做到以德报怨，必须有一颗宽容的心。有一句话说"宰相肚里能撑船"，这就是宽容。

有一个名叫卡尔的卖砖商人，由于另一个对手的竞争而陷入困境。对方在他的经销区域内定期走访建筑师与承包商，告诉他们："卡尔的公司不可靠，他的砖块不好，生意也面临即将歇业的境地。"卡尔对别人解释说他并不认为对手会严重伤害到他的生意。但是这件麻烦事使他心中生出无名之火，真想"用一块砖来敲碎那人肥胖的脑袋作为发泄"。

"有一个星期天早晨，"卡尔说，"牧师讲道时的主题是：要施恩给那些故意跟你为难的人。我把每一个字都仔细听了。就在上个星期五，我的竞争者使我失去了一份25万块砖的订单。但是，牧师却教我们要以德报怨，化敌为友，而且他举了很多例子来证明他的理论。当天下午，我在安排下周日程表时，发现住在弗吉尼亚州的一位我的顾客，正因为盖一间办公大楼需要一批砖，而所指定的砖型号却不是我们公司制造供应的，却与我竞争对手出售的产品很类似。同时，我也确定那位满嘴胡言的竞争者完全不知道有这笔生意机会。"这使卡尔感到为难，需要遵从牧师的忠告，告诉给对手这项生意的机会，还是按自己的意思去做，让对方永远也得不到这笔生意？卡尔的内心挣扎了一段时间，牧师的忠告一直盘踞在他的心田。最后，也许是因为很想证实牧师是错的，他拿起电话拨到竞争对手家里。接电话的人正是对手本人，当时他拿着电话，难堪得一句话也说不出来。卡尔还是礼貌地直接地告诉他有关弗吉尼亚州的那笔生意。结果，那个对手很是感激卡尔。

卡尔说："我得到了惊人的结果，他不但停止散布有关我的谎言，而且还把他无法处理的一些生意转给我做。"卡尔的心里也比以前好受多了，他与对手之间的阴霾也获得了澄清。以德报怨，化敌为友，这就是迎战那些终日想要让你难堪的人所能采用的最上策。

南北朝时期，有一个叫明山宾的人，非常诚实厚道，他卖牛时就是以德报怨的。

明山宾的父亲去世时没给家人留下什么遗产，仅有3间草屋和1头牛。明山宾看家里连吃的米都没有了，就狠着心把唯一的1头牛牵到集市上去卖，想以卖牛钱买米渡过难关。

他把牛拉到集市上，有一个人看中了这头牛，就问多少钱出手，明山宾告诉他少于600钱不卖。有个老汉提醒明山宾，这牛值800钱。明山宾说，因为家里揭不开锅了，急等钱买米才卖的。买牛人急忙给了明山宾600钱，牵着牛高高兴兴地走了。明山宾拿钱在集市上买了米后，向家里走去。

他走到半路上，忽然想起一件事，就赶紧返回集市，又找到了那个买牛人。明山宾告诉买牛人，这牛去年得过病，但已经治好了，再没犯过毛病。因此，使牛时要注意，不能使过头累着了牛。买牛人听了，张口结舌好半天才缓过劲来。天下竟有卖主向买主说自己卖的东西有毛病？莫非这是个二百五不成？但买牛人马上抓住明山宾，怨他卖病牛，嚷嚷着要明山宾退一半钱。围观的人指责买牛人不道德，人家好心好意给你提个醒儿，你却讹人家。

这时，明山宾对买牛人说："庄稼人买头牛不容易，我家也急等钱用，这200钱还你，实在不能再多退你了。"买牛人接过钱，真吃惊了，天下竟有这样以德报怨的人，不免觉得自己太得寸进尺了。于是，他又把200钱还给了明山宾，牵着牛走了。

"容天下难容之人，忍天下难忍之事。"也就是说，要学会容忍，容忍天下最难以容忍的事物。这就是以德报怨的秘诀所在。以德报怨，是中国自古以来就被推崇的为人处世的方式。这种胸怀磊落、不计较恩怨的君子之风，是一种美德。

猜疑是人际交往之大忌，它会葬送一切友情，只会把人际关系导向冷漠和对抗。人际交往是一个互动的过程，"投之以桃，报之以李""你敬我一尺，我敬你一丈"，说明人们之间的尊重、友善是一种相互的递进过程。对人首先要学会善待别人，这就是别人常说的以诚待人。待人首先要用心去换心，以真诚去缔造真诚，以友谊去缔造友谊，换回来的才是别人对你的真诚。要想以诚待人，首先要学会做人，堂堂正正做人是为人的最基本准则，是一切道德之首，是人格品德的核心所在。

玫琳凯公司有一条经典的经营理念：如果你希望别人怎样待你，那么就请你先怎样对待别人。付出总会有回报，有一分耕耘就会有一分收获。

李老是一位知名作家，某日接到女儿电话，女儿说要回娘家过周末。妻子赶紧拉他去当苦力，并美其名曰是让作家到菜市场体验生活。

到了菜市场，妻子仿佛走进老家村子，摊档的档主都主动与她打招呼："阿姨，你来啦！"问候声此起彼伏。李老从不知妻子居然与菜场里大大小小摊档的档主关系如此融洽，都显示出自家人的亲切，没有了平时大家耳闻目睹的小商小贩那种油腔滑调。

肉档前，妻子告诉档主，女儿要回来过周末，想吃爽口肉排。40岁上下的档主答了声"好嘞"，便快手快脚地从钩架上取下了两条肉排，过称、报价、剁碎，没两分钟便搞定了。妻子付钱后，拿起排骨，转身便到下一档口去。李老一阵犯疑："这肉排新鲜吗？够称吗？"妻子笑说："没问题，他们绝不会骗我的！"

李老他们依次在海鲜、青菜档前采购，妻子都是"动口不动手"，李老不解："无商不奸，你不防人吗？"妻子说，以前买菜她都亲自动手，常拎着鸡鸭鱼肉到公平秤处验证，常找档主补秤，少不了与他们"讲数"，甚至对骂，真是贴钱买难受。无奈之时，她试着与档主们换个相处方式。

原来妻子与那个肉档主是"不打不相识"。那次，妻子买了一斤肉排，到公平秤上一称，足足少了3两，她忍着不去找他算账。第二天，她又来这家肉档开玩笑地问档主："昨天你给我称的肉排是不是看错啦？一斤就只剩下7两！"档主听了，没理她，但有点难为情，他心知肚明呢。想不到顾客发现短秤后还会回头再买，也意识到这样对待顾客是不行的，以后不应该再缺斤少两了。从此，这肉档的档主再没缺斤短两，而且每次总是给李作家的妻子挑最好的。李作家的妻子对菜市场的档主皆温柔相向，把他们当成了自家人呢。

最令李老惊奇的一幕是，妻子买菜用光钱，竟然到一蔬菜档口前，向一个50岁上下的女档主"求援"，妻子向她伸出了几个指头，档主立刻便把钱借给了妻子。李老忙问："借钱档主知你姓甚名谁，家住何方吗？"妻子淡然答道："我们这里的朋友只认人不认姓名。""那她们不怕你不还钱吗？"妻子说："我还来不来这个市场买菜？"什么叫将心比心？什么叫以诚换诚？这就是。

真诚最重要。一定要真诚，并且能站在对方的角度思考问题。若你本来就不真诚，就算你花言巧语的能力再强，也是事倍功半的。无论交流的双方的身份有何不同，做到真诚了，交流与沟通才不会有障碍。

社交界的名人戴尔夫人，来自长岛的花园城。有一次，戴尔夫人请了几个朋友吃午饭，这种场合对她来说很重要。当然，她希望宾主尽欢。总招待艾米一向是她的得力助手，但这一次却让她失望了。午宴很失败，到处看不到艾米，他只派个侍者来招待客人。这个侍者对一流的服务一点概念也没有。每次上菜，他都是最后才端给主客。有一次，他竟在很大的盘子里上了一道极小的芹菜，肉没有炖烂，马铃薯油腻腻的，糟透了。戴尔夫人简直气死了，她尽力从头到尾强颜欢笑，但不断对自己说："等我见到艾米再说吧，我一定要好好给他一点颜色看看。"

这顿午餐是在星期三。第二天晚上，戴尔夫人听了为人处世的一课，才发觉：即使教训了艾米一顿也无济于事。艾米会变得不高兴，跟她作对，反而会使她失去帮助。戴尔夫人开始试着从艾米的立场来看这件事：菜不是他买的，也不是他烧的，他的一些手下太笨，他也没有办法。也许要求太严厉，火气太大。所以她不但不准备苛责艾米，反而决定以一种真诚、友善的方式做开场白，以夸奖来开导他。这个方法效验如神。

第三天，戴尔夫人见到了艾米，艾米带着防卫的神色，严阵以待准备争吵。戴尔夫人说："听我说，艾米，我要你知道，当我宴客的时候，你若能在场，那对我有多重要！你是纽约最好的招待。当然，我很谅解，菜不是你买的，也不是你烧的。星期三发生的事你也没有办法控制。"戴尔大人说完这些，艾米的神情开始松弛了。艾米微笑着说："的确，夫人，问题出在厨房，不是我的错。"戴尔夫人继续说道："艾米，我又安排了其他的宴会，我需要你的建议。你是否认为我们再给厨房一次机会呢？"

"当然，夫人，当然，上次的情形不会再发生了！"

下一个星期，戴尔夫人再度邀人午宴。艾米计划菜单并主动提出把服务费减收一半。当戴尔夫人和宾客到达的时候，餐桌上被两打美国玫瑰装扮得多姿多彩，艾米亲自在场照应。即使款待玛莉皇后，服务也不能比那次更周到。食物精美滚热，服务完美无缺，饭菜由4位侍者端上来，而不是1位，最后，艾米亲自端上可口的甜美点心作为结束。

散席的时候，戴尔夫人的主客问她："你对招待施了什么法术？我从来没见过这么周到的服务。"戴尔夫人说："我对艾米施行了友善和诚意的法术。"

当发现问题的时候，要有解决问题的诚意，这样别人才会以真诚来回报你。

第四篇

处事变通之学

一、独辟蹊径　弃道穿山术

不拘定法，以不变应万变是变通学的精髓，或避其锋芒，或隐强示弱，独辟蹊径，出奇制胜，此为弃道穿山之术。

（一）因"隙"利导　不战自胜

安史之乱进入到第五个年头，史思明抢居了叛军头目的宝座。唐肃宗怕郭子仪功高震主，也把太平军从郭子仪手中交给了李光弼。唐肃宗乾元二年（公元759年），史思明率数10万大军猛扑两京。李光弼见敌众我寡，为确保长安的安全，干脆让出空城洛阳，亲率5万人屯驻河阳，北连泽、潞数州，依托黄河，虎视洛阳，控制安军侧背，从而使史思明不敢贸然西进。

史思明见无法西进。李光弼的防守又无懈可击，便屯兵河清，企图切断李光弼的粮道。李光弼于是驻军野水渡加以抵制。

两军对峙一日，傍晚，李光弼自回河阳，留兵千人，命部将雍希颢留守。临走时李光弼告诫道："贼将高庭晖、李日越均有万夫不当之勇。他们来了，你们千万不要出战。如果他们投降，你们就与他们一道回来。"言罢即走。众将领却听得莫名其妙，暗暗发笑。

第二天大清早，果然有一贼将率领500骑兵来到野水。雍希颢见来势汹汹，知不可硬拼，便对军士们说："来将不是高庭晖便是李日越，我们应听元帅告诫，不必出战，只需从容等待。看他如何行动。"于是裹甲息兵，吟笑静观。来将走到防御栅栏下，看到李光弼所带的军队竟会如此松散，不禁大为惊奇，于是喝问守将："李光弼在吗？"

雍希颢道："昨晚已回河阳。"

来将问："留守的有多少人马？"

雍希颢答："千人。"

来将问："统将是谁？"

雍希颢是无名小辈，来将显然从未听过，雍希颢见来将沉吟不答，左右徘徊，猛想起李光弼的话来，猜测来将莫非真是来投降的，赶紧发问：

"来将姓李还是姓高？"

"姓李。"

"想必便是李日越将军了？"

"你怎么知道？"

"李光弼元帅早有吩咐，他说将军你对朝廷素抱忠心，不过一时为史思明逼迫才勉强跟从叛乱，今特地命我在此等候，迎接将军归唐呢。"

李日越踌躇了一会儿，对左右说："今天无法抓捕李光弼，只有雍希颢，回去无法交差，不如归降唐朝吧！"众人均不答话。李日越便说要投降。

雍希颢赶紧开了栅门，带着李日越一起去见李光弼。李光弼十分高兴，对李日越特别优待，并视为心腹猛将。李日越感激万分，请求写信去招降高庭晖。哪知李光弼却说："不必不必，他自然会来投降，与公在此地相见的。"众将领听说，更觉奇怪，连李日越也被弄得糊涂，不知他葫芦里卖的是什么药。哪知过了数日之后，高庭晖果然率部下前来投降。李光弼于是奏报朝廷，请求给李日越、高庭晖以官职。史思明失去了两员虎将，李光弼则转守为攻了。

手下因见李光弼如此轻而易举地降服两将，怀疑他们3人是否有约，便去问李光弼到底是怎么一回事。

李光弼说："我与两将素不相识，哪来密约？不过是因'隙'利导，揆情度理罢了。史思明经常对部下说，李光弼只善于守城，却不会野战。我出城驻军野水渡，他当然视之为捕杀我的天赐良机，肯定要派猛将来袭击。史思明有个天大的毛病，就是残暴待下，对于败军之将无法容忍。如果哪位将军放过如此良机而让我生还，他还不把那将军生吞活剥？李日越奉命而来，却得不到与我作战的机会，势难回去见史思明，投降唐军岂不情理之中？高庭晖的才勇远在李日越之上，他见史思明残暴，而李日越却在唐军中得以宠任，自然也想到我这里来谋占一席之位。"

"人往高处走，水往低处流。"李光弼揆情度理，瞄准史思明酷待部下的"间隙"，有意制造李日越惧怕回去见史思明的情势，并安排优厚的待遇，从而使李日越、高庭晖自然地投降了唐朝。我们把这种根据对手之间的某种漏洞、缝隙或者各种离心力，并有意加以放大，顺势使对手放弃敌对态度的计策叫作"因'隙'利导"。逆水行舟，不进则退，往往需要奋力拼搏，才能使船前行。"因'隙'利导"则如顺水推舟，显得轻松自如。如果李光弼与李日越、高庭晖硬拼，且不说要损兵折将，付出极大的代价，而且当时李光弼实际上处于不利地形，也无必胜的把握。李光弼妙用此计，则不费一枪一弹，不战而全胜了。商业经营中也同样存在着这样的境况，"因'隙'利导"之计自然也同样能取得这种奇效。

世界地产大王约瑟夫接受政府的委托，去斐尔法拍卖新泽西开末顿一带的近两千套房子。

这一带的房子是战争时建给造船厂的工人的。但是到了拍卖时，真正的战时搬来居住的工人只剩下3家了，其余的早已不是故主。虽然如此，这些"屋主"却仍借着"从前政府命我们搬来住的，现在怎能把我们赶走"的理由，大声叫嚣，竭力反对。他们仗着人多心齐，决定不惜流血，坚持不肯搬迁。

面对这种情势，约瑟夫感到为难。如果他在着手拍卖时处置失当，势必会群起而攻，甚至连生命都会有危险。

那么，约瑟夫怎样对付这群随时有可能疯狂起来的住户呢？虽然他有充分的理由证明他们并非战时原住户，使这些无理取闹的群众无言以对，但他清楚，指责别人的错处，除了会使对方怒上加怒以外，别无效果。当时，他也可以来一次演讲，用最温和的言语来消除他们的怒气。但是，他在经过一番调查研究、揆情度理之后，采用了更高明的办法。

约瑟夫虽然早已宣布过拍卖的时间，但在拍卖时，他脑袋一转，却有意提前一小时开始了。这正如当时李光弼前一天晚上悄悄离开野水渡使李日越大吃一惊、不知所措一样。原本这些住户针对预定的拍卖时间，早已准备好了发泄的工具和措施，出乎他们意料的是拍卖提前开始，愤怒的锋芒一下子扎空，大家不知所措，精力全部集中到拍卖的进程之中了。

约瑟夫在调查中早已了解到，众多的住户也绝非铁板一块。其中有一家住户本就不主张无理取闹，住户知道政府是要收钱，并不是要收房，更不是要把这一带的人赶出家园，只是希望自己能出一笔钱买下已住的房子。

约瑟夫早把这家住户预算好的房钱数目记在他的笔记本里了。到了拍卖时，约瑟夫有意选定这户住户做第一桩交易。于是很快成交了。这位住户因如愿以偿而高兴得拍手称好。别的住户见这户成交了，户主还如此高兴，早已来不及愤怒，而是赶紧盘算自己花多少钱才能购得自己的住房。

当第一笔交易成交之后，房子住户大声欢呼之际，约瑟夫竟也举起双手，大声呼喊起万岁来。那些本来预备来捣乱的人因而受到感染，也跟着呼喊起来。隐藏的巨大怒火顷刻得到了无破坏性的发泄，大厅顿时恢复了热烈融洽的正常拍卖气氛。近两千套房子很快顺利拍卖成功了。

约瑟夫瞄准有人愿意花钱买房子这一点，竭力加以发掘诱导，从而使满场的愤怒得到了顺势有效的发泄，化危险的拍卖为融洽、成功的拍卖。地产大王约瑟夫不愧是脑筋灵活、巧用"因'隙'利导"之计的高手。

（二）独辟蹊径　突入奇兵

宋徽宗政和五年（公元1115年），晏州少数民族首领卜漏反叛，并四处抢掠。于是朝廷诏令陕西军、义军、士军，保甲3万人开赴前线，命赵通为泸南招讨使，统领大军。

赵通领兵前进，一路上收复了许多村庄与部落。当赵通领兵抵达晏州时，卜漏已撤出晏州城，占据了一个叫轮缚大囤的地方。这里山高数百丈，林木深密，被沿途击溃的夷人全都来到了这里，他们垒石为城，在城外拉起了木栅，路上挖下陷阱，砍伐巨树，制作守城御敌的战具，居高临下抵御官兵。

赵通的部队来到山脚下，正准备攻山时，山上滚木巨石纷涌而下，箭如飞蝗。官兵只好后退驻扎。

赵通与部队无法进攻，便同种友直、田佑恭等偷偷察看地形，发现一旁的山崖特别陡峭，卜漏自恃天险，万无一失，没有派人守卫。赵通通过详细观察，发现此处可以攀登，心中十分高兴。

回到军营后，赵通立即命种友直和田佑恭带人从山崖处攀上，从背后猛击敌人。自己亲率部队从正面佯攻。

佯攻的官兵从早到晚，一刻不息地发起冲锋，卜漏只把注意力放在了正面。

种友直的部队大多是西南高原地区的士兵，善于爬山。入夜后，士兵们背着绳子爬到崖顶，放下云梯，士兵们人人衔枚，悄悄地提着猴子攀登而上，这些猴子身上捆着油膏和蜡。

鸡叫时分，种友直与田佑恭的部队已全部爬上山顶。种友直一声令下，这些袭击部队拿着武器穿林而入，抵达敌营时，点燃猴子背上的火炬，几十只猴子狂跳着窜向敌营，那些用茅竹做成的房子很快被烧着，官军呐喊着冲向敌人。卜漏的人马未料到赵通从背后发起进攻，顿时手足无措，乱作一团。

赵通在山下望见火起，知道种友直已经得手，便指挥部队从正面进攻，两军夹击，敌人溃不成军，被火烧死和掉下山崖的不计其数，斩杀并俘虏了数千人。卜漏突围逃走，到轮缚大囤时被获。

赵通独辟蹊径，开创新路，终于平定了叛乱。

在现代社会，要参加经济竞争，最忌讳跟在别人的屁股后面随大流。大家干什么我干什么，人走我随，这将永无成功之日。一个企业经营者，必须要勇于开拓，勇于创新，勇于走他人没有走也不敢走的路，这样才能达到他人达不到的目标，取得他人无法得到的巨大收获。

1982年，在美国《幸福》杂志上所列的全美500家大企业的名单上，赫然跃出了一名新秀，一家名不见经传的电子工业公司——苹果计算机公司。这家排名为第411的大公司，年仅5岁，是美国500家大公司中最年轻的公司。

一年之后，奇迹再次发生。当美国《幸福》杂志再次公布全美500家最大公司的排位时，人们惊奇地发现，年轻的苹果计算机公司青云直上，一举跃到了第291位，营业额达9.8亿美元，职工人数4600人。它的迅速发展，引起了美国企业界的极大关注。是谁采用了什么策略取得了这么大的成绩？

经营这家公司的主要是两个年轻人，他们叫史蒂夫·乔布斯、斯蒂芬·沃兹奈克。当时，在美国，许多计算机生产厂家，都把研制和生产的重点放在大型计算机上。如被誉为"巨人"的国际商用机器公司IBM，是世界上电子计算机及其外围设备制造厂商，也是最大的电子计算机生产厂商，其业务范围涉及政府、商业、国防、科学、宇航、教育、医学和日常生活研究的各个领域，产品销售至128个国家和地区，年销售额达400多亿美元，就是这样一家久负盛名的大公司，竟然没有一台个人电子计算机上市。虽然当时微电子计算机在美国市场上已经出现，但大多是供工程师、科学家、程序设计师使用，还相当不普及，普通家庭很少购买。

史蒂夫·乔布斯和斯蒂芬·沃兹奈克决定另辟新路，将注意力集中到家用电子计算机上。

创业开始，困难重重，缺乏资金，乔布斯卖掉自己的金龟牌汽车，沃兹奈克卖掉了心爱的电子计算机，凑了1300美元。没有工作场所，他们就在乔布斯父母的汽车库里工作。他们弄来廉价零件，利用业余时间在汽车库里苦干。

功夫不负有心人，经过长期艰苦的努力，他们终于在1976年研制成功了一台家用电子计算机，命名为"苹果I号"。当他们把这台电子计算机拿到俱乐部去展示时，立刻吸引了不少人，大家纷纷要掏钱购买，一下子就订购了50台。为了生产这50台电子计算机，他们跟几家电子供应商谈妥，以30天的期限，向电子供应商们赊了2.5万美元的零件，结果在29天之内就装配了100台家用电子计算机。他们用50台电子计算机换了现金，还将借款偿还了供应商。

从此，局面打开了，他们的订单源源不断。他们认定家用电子计算机的发展前景广阔，于是打算成立一家公司，专门生产家用电子计算机。

他们的想法得到了投资家马克拉的支持，他愿意投资9.1万美元，美国商业银行也贷给了他们25万美元贷款。然后，他们俩又开始了游说活动，募集到60万美元的资金。这样，1977年"苹果计算机公司"宣告正式成立。马克拉担任公司董事长，乔布斯任副董事长，斯科特任总经理，沃兹奈克任副总经理。

他们将办公地点从汽车库里搬了出去，又网罗各方面人才，共同进一步研制和改良家用电子计算机。不久，他们向市场推出了"苹果Ⅱ号""苹果Ⅲ号"和"里萨"等个人电子计算机新产品。

苹果计算机公司独辟蹊径，瞄准别家电子计算机公司的"盲区"，闪电般向市场推出家用电子计算机，迎合了美国大众的需要，销路非常好。人们迫不及待地想买到一台苹果电子计算机，形成了苹果电子计算机销量与日俱增的大好形势。到1981年，苹果计算机公司生产的个人电子计算机占据了美国市场上个人电子计算机总销售量的41.2%。难怪纽约基础书籍出版公司在1984年出版的畅销书《硅谷热》中，对苹果计算机公司发迹和崛起的速度极为赞叹，认为"一家公司只用了5年时间就有资格进入美国最大500家企业公司之列，这还是有史以来的第一次"。

在苹果电子计算机占据了美国市场上个人电子计算机总销售量的41.2%时，全球闻名的大计算机公司IBM对它尚有不屑一顾之意。直至苹果计算机公司又推出了个人电子计算机网络系统时，IBM才如梦惊醒，企图凭借自己雄厚的资金和技术，"镇压"计算机界的后起之秀，但良机已过，此时的苹果计算机公司已是今非昔比，羽翼已丰了。

后起之秀苹果计算机公司之所以能飞跃发展，其原因在于它采取了独辟蹊径，瞄准市场"盲区"，奇兵突入的策略。

（三）打破常规 别出心裁

苏秦曾经长期为燕国服务。滞留在齐国期间，他实际上是做一种间谍工作，目的是把齐国的攻击目标，转移到燕国以外的国家去。

有一次当苏秦回到燕国时，正好遇上齐国动员大军攻燕，夺走了10个城邑。燕王大吃一惊，把苏秦叫来对他说："我一向偏劳先生居间斡旋，但事不奏效，竟演变成这样的结局。希望你到齐国去疏通一下，设法阻止这意外事件。"

简单地说，燕王认为这是苏秦的职责，他应该去把城邑夺回来。苏秦也觉得这是他的过失，就说："好吧！我一定去夺回来！"

领土被敌国夺走了，现在要毫无代价地夺回来，这种交涉的任务当然是很艰巨的。据《史记》记载，苏秦到齐国被齐王召见时，"俯而庆，仰而吊"。所谓"俯而庆"，是说苏秦在俯身相拜时说："这次大王扩张领土，非常可庆可贺。"所谓"仰而吊"，就是慢慢抬起头来，说："可是，齐国的命脉已到此为止了！"

既被庆贺，又突然被凭吊，这两种相反的态度，连续进行得这么快，即使不是齐王，任何人听到了，也会大吃一惊的。

听到这么出其不意的话，齐王愣住了，于是问道："庆吊相随何速？"

苏秦不敢错过机会，立即解释说："我听说，快饿死的人，也还是不敢吃乌喙（一种毒草），因为愈是吃它，愈死得快。而我发现，燕虽是小国，燕王却是秦王的女婿，既然贵国夺走了燕国的领土，从此以后就得和强秦为敌了。像你这样只捡了一点便宜，却反而招致天下精兵来攻贵国的恶果，这不正如同吃了鸟喙一样的情况吗？"

齐王听了，脸色大变，说："那该怎么办？"

苏秦见目的快达到了，便继续说："古时候的成功者，大都懂得'转祸为福，转败立功'的道理。所以我想如今之计，最好是立刻把夺来的领土还给燕国，燕国见被夺之城邑意想不到地又回来了，一定很高兴。而秦国也会认为贵国宽宏大度，也会很高兴的。这就是'释旧怨，结新交'。由于这一点使燕、秦两国对齐国友善的话，其他诸侯也必然如此。"

苏秦先出其不意使对方震惊，接着谈起情势大局，再提到利害得失，时而威胁，进而哄骗，完完全全把对方玩弄于股掌之中。

齐王听完，说："你说得有道理。"于是，便把夺来的城邑全数归还给燕国。苏秦就这样顺利完成了无代价索还领土的任务。

一般说来，人们都习惯于常规思维，惯于按照通常的行为方式行事。但是，如果有人突然打破了常规，另辟蹊径，独出心裁地用超常的方式，那么，他的行动便会引起人们的好奇心，促使人们怀着极大的兴趣去关注他，那么说服工作就可能顺利地进行。

（四）奇思异想 井水退敌

长江自古就是天然的防御工事，水攻也是许多名将常常采用的战术。三国时，曹操与袁绍战于冀州，曹操久攻不下，折兵损将，便采用谋士许攸之计，掘开漳河大堤，放水淹没冀州，终于取得胜利。后来，关羽和曹操的大将于禁战于樊城，于禁率领7支精兵，并有勇将庞德为先锋。关羽亲自领兵交战未能取胜，还受了箭伤。此时正值雨季来临，关羽派军士上山截住雨水通道，蓄了大量山洪，然后在一个雷雨之夜掘开土堤，山洪似万马奔腾势不可当，将驻扎在平地的于禁的7支精兵大部分淹死，关羽生擒于禁、庞德，这就是历史上有名的"水淹七军"。

然而，只用几桶井水就把军力明显优于自己的敌人吓退的将军，历史上只有一个，他就是东汉西域校尉耿恭。别人的"水攻"是利用水的力量，而耿恭的"水攻"却是从心理上动摇敌方军心，就其运用的兵法而言，可以与诸葛亮的空城计相媲美。耿恭在汉明帝时就任西域校尉。当时汉朝国力不强，北面的匈奴兵力却十分雄厚。耿恭才上任几个月，匈奴单于就派大将领兵2万打进车师国，杀了归附汉的车师国国王。耿恭手中只有几千军马，但他并不示弱，主动进攻打了个大胜仗，杀了几千名匈奴，后终因寡不敌众，只好退到城中坚守。

当时，另一个校尉关宠带着几千兵马驻扎在车师国前王部，无法支援耿恭。汉朝在西域没有其他兵马，耿恭可谓孤军作战。

匈奴的大将也很有心计。他知道形势对自己有利，在猛攻几次城后，采取围困的方法，不让粮食运进城，打算将耿恭困死。

耿恭早就做了准备，预先在城里备下大批粮食，有了粮食，军心稳定。双方坚持了不少日子。匈奴大将深知城内粮食很多，又想出一条毒计，他把流进城里的河道全部堵死，人可以饿10天，却不能一日无水，他认为耿恭这下子算完了。

没过几天，城内便发生水荒。一天黑夜，耿恭选了一批勇猛的士兵，悄悄出城掘河，但匈奴早有准备。双方混战一场，各有伤亡，河道未能掘开。

第二天，匈奴大将骑着马，让军士用长矛挑着几颗汉军士兵的头颅在城外耀武扬威。汉军也不示弱，把斩获的匈奴士兵的脑袋挂在城墙上。匈奴大将劝耿恭投降，否则就要把汉军渴死。耿恭说："你把河道堵死就能渴死我吗？没有河水我可以掘井。"匈奴大将仰天大笑，气焰嚣张，他说："你尽管掘吧。从来没听说这里能掘出井水，除非有神灵保佑你。"耿恭下令，在城内东、南、西、北、中等方位同时打井。可是井打了15丈深，别说出水，连一点湿土都没见到。

城中已经断水，兵士们渴得没办法，只好喝马尿。马尿不够喝，又把粪挤出汁来解渴。生活条件实在太苦，兵士中起了恐慌。

由于缺水，士兵体力下降，连出城和匈奴死拼的可能都没有了。耿恭深知，唯一的出路就是打出井水。

打井的士兵饥渴难当，不免心灰意冷，耿恭亲自下到井中掘土。士兵见将帅如此，精神受到鼓舞，坚持不懈地挖下去。

匈奴大将望见城头守军个个唇焦口干，面黄肌瘦，认为已不堪一击。他下令第二天攻城。

当天夜里，汉军依然拼命掘井。掘到二十五六丈深时，土开始变湿。也就是说离水层不远了。

汉军士兵像喝了酒那样兴奋，猛力挖掘，到了快天亮时，有一口井涌出水来，打井终于成功了。

此时，守城的士兵来报告，匈奴军队正在城外集结，看来要发动进攻。

耿恭考虑了一下，认为自己的士兵连饥带渴，体力衰弱，就算马上喝足水，也不能恢复到打仗所需的体力，再说水少人多，一下子也分不过来。

于是，耿恭对士兵说："我知道你们很渴，我也很渴，有一个方法让匈奴退兵，但是需要水。所以大家先不要喝，用桶把水装上，运到城墙上去。"

耿苤平日很得军心，自己又能以身作则，所以在这种情况下，士兵依然坚决执行了命令。运到城墙上的水只有十余桶，耿恭又让士兵放了十几个空桶在旁边。然后他挑了一批较强壮的士兵立在城墙上守卫。

刚布置妥当，匈奴大将就率领兵马来到城下。望见城墙上的大桶和严阵以待的士兵，匈奴大将疑惑不解，让士兵暂不进攻。

耿恭立在城头上，大声说："大汉的将士有神灵保佑，你们堵了河道，有神灵给我们送水。我们的水比河水好喝多了。你们要想尝尝也可以。"

耿恭说完便让士兵一桶桶向城下倒水。万余名匈奴将士看得目瞪口呆。过了一会，不知谁先拨转马头，一会儿工夫，一万五千多名匈奴兵马拼命往北逃去。

"空城计"不能照搬，耿恭的"水攻计"不能模仿，他们都是特定条件下的产物，但里面渗透的智慧，却是应当学习的无价之宝。

二、水无常势　随机应变

无论从政经商，以变应变，乃至随机应变的策略，都是大有用武之地的。运用得好，可险处逢生，平步青云。事实上，每个有成就的企业家、政治家都把这一策略运用得烂熟，他们会成功利用每一个机会，以达到自己的目的。

（一）以变应变　上乘变术

崇德八年（公元1643年），太宗皇太极因患中风，与世长辞。

在谁来接班的混战中，最有权势的多尔衮以大局为重，表现出政治家应有的远见和卓识。他站出来表态，拥立皇太极第九子福临为帝，改顺治元年，福临就是后来的清世祖顺治皇帝。当时福临6岁，连自己的生活还不能自理，又如何能治理国家？多尔衮决定："帝年岁幼稚，吾与郑亲王分掌其半，左右辅政，年长之后当即归政。"多尔衮后被尊为叔父摄政王。

多尔衮是努尔哈赤的第十四子。初封贝勒，因为在10位贝勒中，按年龄大小排行第九，所以也被称为"九生"。多尔衮英武超群。天聪二年，他年仅17岁，随太宗征察哈尔多罗部时立过大功。天聪五年，皇太极设立六部，多尔衮掌管吏部。天聪九年，多尔衮率兵追击林丹汗残部，招降林丹汗之子额哲，获传国玉玺后献给皇太极，又立大功。在清王朝的奠基事业中，多尔衮贡献很多，他还是颇有政治头脑的杰出人物。太宗死后，多尔衮名为摄政王，实则掌握着清朝最高权力。

明清之际，农民起义风起云涌，到崇祯十六年（公元1643年）已成燎原之势，李自成的大顺军和张献忠的大西军得到迅猛发展。崇祯十七年，李自成在西安正式建国，国号大顺。同年2月，起义军攻占太原、代州。3月，李自成率百万大军向北京进发。3月17日，兵临北京。两天后，崇祯皇帝自知大势已去，泣退众臣，亲手砍死了袁妃，逼死周后，又杀死女儿坤仪公主，然后自缢，农民军占领北京。

此时，满洲统治者正在关外盛京注视着关内形势的发展。4月4日，在尚不知李自成入京消息的情况下，大学士范文程上书多尔衮说："当今正是摄政诸王建功立业，重休万世之时，应该进取中原，与'流寇'争角。"

当即，多尔衮采纳了范文程的建议，打出"救民出水火"的旗号，4月7日祭天伐明，9日全军出动，13日兵至辽河。这时，得知北京城破，崇祯皇帝已死的消息，入主中原的形势越来越有利，便加紧向山海关进军。

早在京师危急的时候，崇祯帝命宁远总兵吴三桂回师。吴三桂慢慢腾腾，折腾了十几天，才走到河北丰润，得知李自成已攻占北京，于是又退回山海关不敢前进。吴三桂没想到，李自成不久即派唐通前来，带着其父吴襄的亲笔劝降信和犒师的银两，另派2万起义军把守山海关。他接受了犒师的银两，但却屯兵九口为自己留下一条后路，才慢慢地向京师而行。

走到滦州，听得逃来的家人吴福密报：家产悉数被抄，夫人、小姐被杀，父亲被囚，爱妾陈圆圆被闯将刘宗敏抢去做了压寨夫人。他马上又掉头回山海关，击退了李自成派来接防的那2万人。

不几日，李自成亲率20万大军前往山海关征讨。危急时刻，吴三桂采用方献庭的密策，派副将杨坤、郭云龙出关，向多尔衮送去密信一封，上书道：西伯辽东总兵吴三桂谨上书于大清国摄政王多尔衮殿下，我朝李闯作乱，攻陷京师先帝惨遭不幸，祖庙化为灰烬。三桂受国厚恩，据守边地，意欲为君父复仇，怎奈地小兵少，不得不泣血而求助。我国与北朝（清及前身）通好二百余年，今无故而遭国难，北朝应亦念之，而且乱臣贼子当也北朝所不能容之。夫除暴安良者大顺也，拯危扶颠者大义也，救民水火者大仁也，取威定霸者大功也。索闻大王乃盖世英雄，值此摧枯拉朽之机，诚为时不再得，乞念亡国孤臣忠义之言，速即立选精兵，直入中协，三桂自率所部，以合兵而抵都门，灭流寇之宫闱，而示大义于中国。则我国之报于北朝者，岂惟财帛？行将裂地以酬，绝不食言！

此信说明吴三桂已决心倒向清朝，和农民军作对。其个中原因究竟是什么？明末清初有个诗人叫吴梅村，在顺治九年作了一首《圆圆曲》，诗中说："全家白骨成灰土，一代红妆照汗青。痛哭六师皆缟素，冲冠一怒为红颜。"

诗中透露，吴三桂之所以要引清军入关，只是为了爱妾陈圆圆。此话似乎有些过激，但仔细琢磨，也自有其道理。那吴三桂并非什么正人君子，他爱财、惜命，又极有官瘾，当然也不会不爱美色。

这个陈圆圆，本姓邢，母亲死后，其姨把她养大，故改了姨家的姓。她家住姑苏，名沅，字畹芬，"蕙心纨质淡秀天成"，长大成人，竟色艺无双，被周后之父物色入宫，周后想用圆圆夺田妃的宠，不料此计未成，田妃倒将圆圆遣出宫来，送给自己的父亲田弘遇享用。怎奈老夫少妇，终嫌非匹，"石崇有意，绿珠无情"。时值闯军大盛，时局动荡，为保产业，田弘遇想结拥重兵、握实权的吴三桂，邀其赴家宴。吴三桂在田府一见圆圆，立即为之倾倒，以保田氏胜于保国家的誓言，将圆圆强索到手。后来，明廷谕旨，饬令吴三桂迅速出关，军中不能随带姬妾，吴三桂只好把圆圆留在北京，叫父亲吴襄看着。此番得家人来报，知自己的爱妾居然被掳，吴三桂顿时气得七窍生烟，咬牙切齿，誓报此恨，而眼下又力量不足，怎能不忙如丧家之犬投奔清朝。

再说多尔衮已令清军向山海关进军，静观关内形势，寻隙进关。此时前锋刚到锦州，正在规划下一步行动。忽然，杨坤、郭云龙二将持吴三桂邀书前来，清军赶快把书信转至多尔衮。

吴三桂的请求，无疑给了清军入关的极好机会，也正中多尔衷心怀。想当年，清军为打通入关之路，两次在宁远受阻，一次努尔哈赤受伤，不久便撒手而去；一次皇太极失败，险些丧命阵前。这次可不费一兵一卒就可入关，实乃天助大清。

于是，多尔衮当即决定，以变应变，要投下诱饵，遂令才学深通的范文程，濡墨沾毫，写下回书：大清国摄政王多尔衮复书明平西伯吴三桂麾下，闻说李闯攻陷北京，明帝惨遭不幸，实在令人发指。为此，我定当率仕义之师，破釜沉舟，誓灭李闯，救民于水火。你思报君恩，与李闯不共戴天，实在是难能可贵的忠臣。以往你我长期为敌，今当捐弃前嫌，通力合作。古时候，管仲射桓公中钩，后被尊为仲父，辅佐桓公，遂成霸业。此等往事，足为今人良好榜样。你如率众来归，我大清必封以故土，晋爵藩王，一则国仇得报，二则身家可保，世世子孙，能长享富贵，当如带砺河山，永永无极。范文程写毕，呈与多尔衮。多尔衮看过，命加封，交给杨坤、郭云龙二人。这两人翻身上马，连夜赶回，向吴三桂复命。

吴三桂看了多尔衮的回信，知道清军已答应出兵，自己不觉腰也硬了，胆也壮了。从信中得知，自己如若投降清军，大清还能"封以故土，晋爵藩王"，更是觉得心里美滋滋的，连嘴巴也乐得合不上了。

4月21日，清军到达离山海关10里的沙河。吴三桂得知这个消息后，赶快率领500名精锐骑兵去迎接清军。他一见到多尔衮，立即跪拜称臣，又假惺惺挤出几滴眼泪，哭崇祯皇帝的不幸。他说："启殿下，目前中原无主，务必请殿下迅速挥师入关，拯救百姓于水深火热之中！"多尔衮见吴三桂已是真心投降，赶快双手扶他起来，并下令叫人宰牛杀马祭天，与吴三桂折箭盟誓，表示双方从此精诚合作。吴三桂和他的500骑兵，于盟誓后立刻剃发留辫，改穿清人服装，表示完全归顺于清军。

第二天，多尔衮领清军，分三路浩浩荡荡开进山海关。

（二）真假猴王　佛眼难辨

唐拉德·希尔顿是世界闻名的旅店大王。他以5000美元起家，历经磨难，成为举世闻名的拥有亿万财产的富翁。

1923年，希尔顿看中了达拉斯商业区大街转角地段。当时，这块地段属于另一个精明的房地产商人劳得米克。希尔顿请来建筑师进行测算，建造旅馆最少需要100万美元。

当时，希尔顿自己口袋中的钱还不到10万美元，那些支持他的人也顶多能借给他二三十万，而这些钱差不多只够付给劳得米克。临近开工日期，希尔顿决计摆迷魂阵。

在请教了劳得米克的法律顾问林兹雷之后，他找到劳得米克，一本正经地说："我买地产，是为了造一座大厦开旅馆。要盖房子，我的钱要全用上，所以，我不想买你的地，只想租下来。"

劳得米克一听，暴跳如雷，大声斥责希尔顿欺骗他。

希尔顿心中当然清楚，但他要"骗得真诚"，让劳得米克接受他的欺骗手段。希尔顿等劳得米克稍为平静下来，非常"诚恳"地说："我的租期为99年，分期付款，你保留土地所有权，若不能按期付款，你可以收回你的土地，而且也可以同时收回旅馆。"

　　劳得米克考虑了一会儿，又找到律师林兹雷研讨一番，觉得按希尔顿说的办法去做，自己也没有吃亏。

　　于是，二人以每年31万元的租金谈妥。希尔顿这才明晃一枪道："我希望拥有以地产作为抵押贷款的权利。"劳得米克只得很不情愿地同意了。

　　希尔顿赢得了那个最重要的可以贷款的条件。土地使用权有了，他又筹经费。圣路易市场国家商业银行董事长韩敏维答应了5万元贷款，老友桑顿出资5万元，承包商借了15万元，加上他自己的10万元，共计35万元。1924年5月，希尔顿生平第一次主持破土动工典礼。

　　可是，旅馆盖到一半，钱已经用得精光。希尔顿又想在劳得米克身上动脑筋。

　　一天，希尔顿一副火烧火燎的模样，找到劳得米克，描绘了工程管理中遇到的困难，请求他把这幢建筑物接收过去，使它得以完工，然后希尔顿租过来经营。劳得米克与林兹雷商量了一下，觉得未尝不可。

　　希尔顿又一次与劳得米克达成协议，劳得米克答应补足工程款使饭店准时竣工。希尔顿和他签了年租10万元的合同。

　　1925年8月4日，"达拉斯希尔顿"旅馆落成，举行隆重的揭幕仪式。希尔顿终于有了以自己名字命名的旅馆。

从此，希尔顿扬起了向旅店大王前进的风帆。

"水至清而无鱼"。人"至清"、生意活动"至清"就容易被对手牵制。相反，对手就会帮助你承担风险，让你获取利益。真戏假做、假戏真做，迷惑了对手，生意场上往往就能运作自如。

（三）高瞻远瞩 灵活应变

公元1004年正月，党项族首领李继迁去世，其子李德明继位。李继迁在位时，百折不挠地联辽抗宋，利用宋朝疲于应付辽国不断南侵之机，在西北大地上纵横驰骋，时时劫掠宋朝边境，最后一举攻克了军事重镇——灵州，创立了夏、辽、宋三国鼎峙的局面。李德明继承父志，利用这一大好形势，准备进一步发展党项实力，打击宋朝，于是，他即位之初即向辽国奉表，表明一如既往的联辽抗宋之态度。辽朝也当即封李德明为西平王，承认了他在党项族中的领导地位。这样，三国鼎峙局面未变，与辽朝的友好关系没变，而因新得灵州这一辽阔、富饶的土地，党项对宋朝的打击力量显然大大地增强了。

然而，李德明并没有利用如此大好形势，像他父亲那样向宋朝积极诉诸武力，而是来了个180度大转弯，于公元1005年特地派遣了牙将王旻赶往宋朝，王旻奉表入朝，表示愿意向大宋皇帝称臣。

对于勇蛮好斗、性烈如火的党项族人来说，李德明的举动实在令人瞠目结舌。不过，"一操一纵，度越意表。寻常所惊，豪杰所了。"也就是说，有智有谋者，一收一放往往都会出人意料。一般人对其行为举措莫名其妙，真正的豪杰却了然于心，会心而笑。

李德明不仅是个勇武好斗的党项族人，也是个胸怀韬略的英明君主。他不在乎普通党项民众的惊疑不解，他只要切实执行他成竹在胸的"高瞻远瞩，践墨随敌"的长远计谋。

原来，就在李德明继位不久，即公元1004年冬季，宋、辽订立了著名的"澶渊之盟"，宋辽大战从此告一段落，两国开始相安无事、和平共处了。显然，这一重大事变必然要影响到党项与辽、宋的关系。党项与辽早订和约，关系尚浅，而党项与宋朝的关系则一直以刀枪说话。以往党项在与宋朝交战中之所以能输少赢多，倒并不是因为敌弱我强，而是因为宋朝东西不能兼顾，主要兵力被辽国牵制。现在，宋辽结盟，如果宋朝专来对付党项，那么且不说刚刚出现的三国鼎峙之势有可能即刻消失，就是党项族的生存恐怕也成了问题……

宋朝不一定会发狠把党项族赶尽杀绝，但如果战火连天，烽烟不断，兵疲国贫，那么谁能担保东边的辽国会不来坐收渔翁之利呢？辽国有抗衡宋国的实力，它要在党项人身上讨点便宜本来就不是件难事。

还有，父亲李继迁征战20年，为开创三国鼎峙的局面历尽了千辛万苦，得之不易。民众本已苦不堪言，新得的灵州之地有待开发培育。所以现在最需要的就是喘口气休养生息，借有利形势迅速扩充国力，使三国鼎峙的局面真正牢固化。

最现实的问题是，宋朝在与党项的多年争战中也不害怕战争了。在李继迁去世、李德明新立之际，就有大臣曹玮向皇帝指出："李继迁擅河南地（即今鄂尔多斯地区）20年，兵不解甲，使中国有两顾之忧。今其国危小弱（李德明才23岁），不即捕灭后更强盛不可制，请率精兵，拎德明献于阙下。"只因当时宋朝与辽国激战，被辽打得大败，自救不暇，才无力分兵西顾，不得不暂时把曹玮的建议放下，而采用了另一种更为阴柔难防的计策：一方面诏示李德明"审图去就"，另一方面又下诏招党项豪族万山、万遇、庞罗、逝安、万子等率部归顺宋朝，并各授团练使之职，赐银万两、绢万匹、钱5万，茶5000斤……用重赏厚赐使党项人自我溃败。并且，早在公元1001年开始，宋朝就支持吐蕃久谷部长潘罗支统治西凉。因而潘罗支非常愿意与宋朝遥相呼应，夹击党项。李继迁就是在与潘罗支激战中，被流矢击中致死的。这样，西有潘罗支以及也受宋朝支持的回鹘兵，南有刚刚与辽国停战的宋官军，内部又有自残溃败的可能，李德明如果不及时采取有效措施，那么党项人的命运恐怕就要断送在他手里了。

于是，李德明果断地派牙将王蟒向宋朝人表称臣，务求喘气养民，消除西边危机以取得扩充国力的机会。宋朝不知是计，大上其当，当即同意议和停战，并在谈判条件上步步退让。

不久，宋与辽不断给李德明加官封爵。宋又令河西各少数民族部落各守疆场，勿侵夏境，并把原本用于瓦解党项内部贵族的银帛茶币加倍"恩赐"。

李德明得到的这些大量的"恩赐"，足以用来笼络团结各部贵族，又得到和平建设的大好时机，使党项实力迅速加强。于是，他一方面在南边筑城建池，充实对宋朝的防务，另一方面向西扩疆拓野，接连攻占了回鹘、吐蕃的大量土地，成为泱泱大国。公元1020年，他还在灵州的怀远镇修建都城，从西平迁到新城，号为兴州。西平在黄河之东，离宋朝边境较近，兴州在益河之西，宋军因黄河之隔无法抵达，加上有贺兰山做屏障，实为建都定国的风水宝地。于是，大夏帝国的根基已被完全奠定，党项族完全独立于宋朝的控制，有了坚实的基础。

"瞻"就是往前看，"瞩"是注视，"高瞻远瞩"的意思是站得高，看得远，做事情能超脱偏执，展望未来，周全处置。李德明不拘泥于父亲的猛冲猛打，一味对宋朝敌视的做法和态度，详察当时的势态情形，立足党项人的长远发展战略，机智地向宋朝奉表称臣，用"变色龙"之术，终于顺利地消除了"大好形势"中所蕴含的不为一般人所明察的"巨大危机"，为党项人的迅速振兴创了不可磨灭的功勋。

市场无常势，商业环境总是处于发展变动之中。孙子曾经说过："能因敌变化而取胜者，谓之神。"顺乎天意，敌变我变，方能克敌制胜，方能用兵如神。然而，很多商业经营者往往是通过自己狭窄的天地，只凭过去专业经验的有色眼镜来分析判断。种地出身的服装商很容易把衣服销售当作卖地瓜来处理。会计出身的经商者很容易把合同书写成账本，教师出身的经商者常会把顾客当学生来"教育"……而这些往往是把自己的生意做到死胡同，钻到牛角尖里去的重要根源之一。采用"高瞻远瞩"之计，就是要跳出已有经验的狭窄天地，根据商业经营的固有规律，立足本企业的长远发展前景，切实根据市场变化的趋势脉搏，及时调整方案计划，灵活顺应顾客需要，巧妙采取浮动价格，牢牢把握市场变动的趋势，从而使企业在任何风云变幻的环境中都能不断发展壮大，无往而不胜。

1986年，全国电子市场出现不景气情况，整机滞销，元器件跌价，有的工厂亏损，有的公司倒闭。在此逆境中，如何使企业站稳脚跟并继续发展呢？张家口市的一家专业化生产接插件开关的电子器材厂就采用了"随机应变"之策。

他们首先是"高瞻远瞩"地分析市场趋势。工厂的领导分五路到内地、特区以及国际市场进行深入细致的调查研究，然后确认：新型、高档、学生用收录机依旧畅销不衰，企业的生存和发展，不仅要在逆境中敢于扩展市场，同时更要开辟新产品。

他们跳出固有的生产模式、经销经验的束缚，站得高，看得远，认清了市场转机的关节点，把握了电子厂适应市场变化的关键之所在，于是他们开始"变化"。

首先他们主动出击，用七天七夜短促突击，连续作战的办法，承包研制模具，试制夏普机、学生机上使用的近十种直键、揿键、扳键等新产品，并以最快的速度投产，工人通宵轮流生产，成品送货上门，结果大受整机用户的欢迎，成功地签订了大量的技术协议和供货合同。

其次，他们以最快的速度试制电子琴用的插件开关，供应南通、常州等地的电子琴生产厂家，居然开辟了一块电子元件的市场新天地。这样，在同类厂家"忍饥挨饿"的情况下，该厂却丰衣足食，满负荷地运转，1986年的经济指标，竟比上一年猛增70%以上。这不能不说是"高瞻远瞩"，认清形势，灵活应变的神奇效力。

后来，该厂大量开发新产品，灵活转变经营、计划、价格机制，产品不断地打入牧区，打入全国各地，最后跻身于国际市场，开创了彩电电源开关出口国际市场的先导，并为结束出口彩电整机一直沿用进口电源开关的历史做出了贡献。

（四）随风就势　顺应潮流

公元581年，南陈的周罗、萧摩诃两将侵入隋境。杨坚早有灭陈统一的雄心，因此建国后便马上派其儿子杨广为并州总管，贺若弼为吴州总管，韩擒虎为庐州总管，分别坐镇在今山西太原、江苏扬州和安徽合肥，做好了北防突厥侵扰、南下灭陈统一的准备。此时，部署已毕，杨坚便以上柱国长孙览、元景山为行军元帅，命尚书仆射高颖统帅诸军，借南陈入侵之机开始实施"先南后北"的方略。

陈朝是一个大国，军事上兵多将众，具备较强的实力，但与当时的突厥相比，陈国的弱小也是显而易见的。所以"先南后北"实际上也是一种"先弱后强"的策略。再者，突厥人这时唯利是图，目光短浅，虽曾数次侵入长城以内，其目标则只是要掠取人马和资财，隋朝对此已做防备，所以南下伐陈不致产生后顾之忧。而且，江南富庶无比，先取江南可马上增强隋朝国力，这样更利于迅速战胜土地贫瘠但骑兵甚强的北方突厥。

　　不料隋军正在扎实地行动之际，忽报突厥联合原北齐的营州刺史高宝宁，一举攻陷了隋朝的临榆关（今山海关），准备长驱直入，大规模地南侵。隋文帝杨坚不禁深为震惊。

　　匈奴的别支突厥，是逐水草而居的一个游牧民族，兴起于北魏末年，强盛于6世纪中叶的北齐、北周时期。据有今长城以北、贝加尔湖以南、兴安内参以西、黑海以东的辽阔地区。拥有骑兵数十万，手持弓、矢、鸣镝、甲、刀、剑等具有优势的武器。当时突厥尚处奴隶制，但首领有绝对的权威，士兵作战亦极其勇猛，因此战斗力非常强。北齐、北周时期，两国火并，便争向突厥纳金帛以求和亲。突厥更加嚣张，其首领竟声称："两儿（北齐、北周）常孝，何忧国贫！"杨坚代周建隋之后，逐渐减少了对突厥的献纳。突厥当然十分不满。但当时因为突厥的佗钵可汗去世，子侄之间忙于争权夺利，无暇侵隋。到了这时，沙钵略可汗已稳定了局面，嫁给佗钵可汗的北周千金公主按俗礼已改嫁沙钵略可汗，也不甘被杨坚篡代周室，日夜请求派兵复仇。沙钵略可汗于是企图借隋朝南下之机大举伐隋。

　　也正是在这个时候，陈朝的陈宣帝病死，调回了侵隋军队，并遣人至隋军求和。隋朝的不少大臣认为这是进攻南陈的天赐良机。先南后北、灭陈统一又是经周密准备的国家大计，不能犹豫徘徊，轻易改变。纷纷劝谏文帝继续向南挺进，不可因突厥的举动而让大事半途而废。但隋文帝却借"礼不伐丧"之名，向陈朝遣使赴吊，歉词允和，断然收退了南下的兵马，并力排众议，确定了"南和北攻"的方针，派重兵前往北方抵御和进攻突厥大军。

许多大臣对隋文帝中止伐陈而先击突厥的做法深觉不妥。隋文帝却认为，突厥伏恃强大的骑兵，行动迅骤，飘忽无定，本难对付。而今沙钵略可汗挟仇而来，意在一改过去只掠资财的战略，攻城略地，想深入我腹心，居心叵测。而现在的南陈却无此居心也无此能力。因此，统一大业虽以灭陈为标志，但最大的阻力则在突厥。如果死死抱住"既定的国家大计"不放，不做随机应变的修正更改，势必陷于腹背受敌的境地。而且都城长安距北境不远，防卫薄弱，突厥一旦乘机深入，必将朝不保夕。这样不要说统一大业，恐怕连立国根本都要无端失却了！

隋文帝审时度势，借"礼不伐丧"之名机智地改变用兵方向，采取稳健切实的南和北攻之策，使建立不久的隋朝，在国力军力都不充实，国内尚不十分安定的情况下，避免了两线作战的兵家大忌。为集中力量制服突厥以解除主要危险，然后稳步进军南下，统一全国奠定了可靠的基础。

在商业竞争中，由于市场情况、竞争对手、目标利益以及技术手段等总是处于一个不断变化的过程之中，因此，审时度势，根据变换了的情况，灵活果断、及时机智地调整和改变行为策略，乃是使自己逢凶化吉、优势独占的制胜法宝。

前些年，浙江出产的一种烟灰缸，质地优良，造型美观，畅销国外。可时隔不久，渐遭冷遇。外贸部门通过调查得知，这种烟灰缸精致美观，清洗方便，但由于国外住房中已经普遍装用壁挂电扇，电扇一转，烟灰便会被吹得满屋都是。

得到此信息后，厂家马上改变烟灰缸原来的形状，研制改变成一种口小、肚大、底深的烟灰缸，很快地又使买家爱不释手了。

但过不了几年，国外许多家庭又把原来的壁扇换成了空调，于是口小底深的烟灰缸因不便清洗而遭受冷落了。于是，厂家又针对客户的这种需求变化，及时对产品进行了变革，从而再次占领市场，热销不衰……

1983年7月，日本任天堂公司发明了可接在电视机上的电子游戏机，引起了人类娱乐史上的一次革命，游戏机红极一时。然而，随着游戏机在日本数量的增加，日本社会知名人士开始呼吁游戏机对儿童学习有负面影响，而对智力开发并无什么价值，这对任天堂公司无疑是致命一击。公司立即研究对策，改变产品。

首先，公司开发了新颖的附加件"儿童学习盒"。把它与游戏机、电视机连在一起，电视里就出现供儿童学习的彩色画像和老师讲课的声音。孩子们据此可以像玩游戏机那样"愉快地学习"，对不懂的地方还可以反复学。学完一个阶段后，它还能为孩子测验打分。游戏机有了这种"学习盒"，魅力更大、市场更广了。

而后，任天堂公司又发明了一种供成年人使用的附加件"股票信息处理机"。据此人们可以及时接收并处理股市信息，可谓"赚进千万，只需弹指之功"。于是传统的游戏机再一次遍地开花，再度掀起畅销狂潮。

（五）审时度势 以变制胜

诸葛亮左挑右逗，百般羞辱、谩骂，司马懿就是置之不理，坚守不出，以待时机。正在两军对峙之时，不想诸葛亮因积劳成疾，他自觉阳寿不长，再不能临阵拒敌了。

他意识到，两军对峙之际，彼方若知我方主帅病逝，势必乘虚而入，后果会不堪设想，在这千钧一发之际，诸葛亮对杨仪说："我死之后，不可发丧。可作一大龛将我的尸体坐于龛中，拿7粒米，放在我嘴里，脚下安放明灯一盏；军中安静如常，千万不要举哀，如此则我的星座居天不坠。那时我的阴魂便可以不散，于对方有镇威作用。司马懿见我的星座不坠，必然惊疑。此时，我军可以缓缓撤退，先让后营做前营先行撤退，然后梯次一营一营地慢慢退走。倘若司马懿前来追杀，你可以令部队掉转头来，布列成决战的阵势，等他来到阵前，再将我原先已雕刻好的松木像推到阵前，令三军将士分列左右，我料定司马懿一见此种情形必然惊疑而撤军。"杨仪一一应允。

当天晚上，诸葛亮就去世了。司马懿夜观天象，见一大星赤色，光芒有角，自东北方流于西南方，坠于蜀营内，三投再起隐隐有声。司马懿惊喜道："孔明死矣！"即传令起大兵追之。刚刚走出寨门，他忽然又顾虑重重地说："孔明善会六丁门甲之法，经常装神弄鬼，他见我方久不出战，所以用此术诈死，诱我出战。现在我要是贸然出兵，正好中其诡计。"于是又勒马回寨，仍是闭门不战，只是命令夏侯霸暗地带领几十个人，经五丈原蜀军阵前探听虚实。

夏侯霸带领几十个探子到蜀军营地，看到的已是空营一座，不见一人，急忙回报司马懿蜀兵已退。司马懿一听，后悔莫及，顿足大叫道："孔明真的死了！赶快去追蜀军。"夏侯霸说："都督不可轻追。当令偏将先往。"司马懿却道："现在我还不亲自出马，更待何时！"于是领兵同两个儿子一齐杀奔五丈原来，呐喊摇旗，杀入蜀寨时，果然空无一人。司马懿对两个儿子说："你们赶快到后面催促大队人马前进，我先带领先锋部队追击。"司马懿亲自带领先头部队追赶，追到山脚下，见蜀军去得不远，便更加快了追赶的速度。

正行进中，忽听得山后一声炮响，喊声震天，只见蜀军一并回旗返鼓，又见树影中飘出一杆中军大旗，一行醒目的大字映入眼帘："汉丞相武公侯诸葛亮"。司马懿不禁大惊失色。又见中军阵中走出数十员上将，簇拥着一辆四轮车缓缓而来，车上端坐着孔明。司马懿见此情景，犹如处在梦中，大声惊叫道："孔明没死，我轻率领兵来追，今进入腹地，又中他的计了。"急忙勒马回头，往后便走。背后蜀将姜维大声喊道："贼将往哪里逃，你中了我们丞相的计了！"魏兵见到此番情景，也恍惚坠入云里雾中，早吓得魂飞魄散，弃甲丢盔，抛戈撇戟，各逃性命，自相践踏，死者无数。司马懿奔走了五十余里，背后两员魏将赶上，扯住马嚼环叫道："都督勿惊"，司马懿用手摸头说："我有头否？"二将答道："都督休怕，蜀兵去远了。"懿喘息半晌，神色方定。

过了两天，老百姓告诉魏军："蜀兵撤退时，哀声震地，军中扬起白旗，孔明真的死了，只是留姜维断后，那天车上的孔明乃是一木雕像啊！"司马懿自叹弗如。这就是"死诸葛亮能走生仲达"的故事，也是诸葛亮善于利用自己的老对手——司马懿足智但多疑的心理，在自己将离人世，军队处境危急之时，临机决断，精心编排的一篇"不拘常理，善权变"的绝妙文章，演出了一曲绝妙好戏。

审时度势，以变制胜，在战争和政治的角逐中是一条普遍的原则。同样也适用于现代的经济竞争。这是因为，现代企业是一个"适应开放式的大系统"。在这个大系统中真是险象环生，瞬息万变。作为企业家应该懂得：没有普遍适用的经营策略，没有久畅不滞的走红产品，要使自己在多变的市场中立于不败之地，就必须掌握不断变化的需求动态，了解不同市场的不同特点，注意竞争对手的策略招数，不断采取正确的对策变于人先。如果经营思想陈腐守旧，产品面孔多年照旧，行销方式消极呆板，销售渠道狭小不定，就一定会被竞争的压力挤垮，被市场的波涛淹没。

在这方面，山西杏花村酒厂是既有教训，又有经验的。前些年该厂一些人认为，酒是热门货，汾酒是老名牌，"关上门子有人敲，花上证券有人要"，因而不注意增加品种和改进包装。

国外市场上白酒的发展方向是低度、高档、多品种，许多国内名白酒厂在酒度上很早就已降了下来，如茅台是55度、52度，五粮液酒55度，而汾酒到1983年还是65度。广大消费者对汾酒的过高度数，手榴弹式的酒瓶，牙口盖封口，早有议论和看法。

后来该厂进行了大量的社会调查，认识到：消费者永远要求购买物美价廉的产品，这种人所共有的心是不会改变的；但是，随着时间的推移和时代的变迁，消费者心目中物美价廉的标准却在不断发生变化。今天是时髦的热门货，明天就可能成为过时的滞销品。

所以，不顺应潮流，搞10年、20年一贯制，是一定会被淘汰的。在新的认识基础上，他们制定了新的策略：在产品质量上，以不变应万变，永远保持汾酒的高质量；在产品品种和包装、装潢上，大力进行突破。经过从1980~1985年连续的努力，他们投入批量生产的汾酒已有65度、60度、53度、48度、38度等5种；还有45度、40度的竹叶青，40度、36度的玫瑰汾酒和白玉汾酒，最低的是13度的真武沙棘酒；原来的一色玻璃瓶装，也增加了陶瓷瓶装，还试制了一套古色古香的高档陶瓷瓶，内装10年以上的53度的老窖酒，外加一个精美的盒子，专门供应大型宾馆的中外贵宾。从而不同国籍、不同阶层、不同年龄性格、不同爱好兴趣、不同购买能力的人都可购买，产品质量好，销售也逐年增加了。

（六）水无常势 兵无常法

相传，元代有一个道士给人算命，十分灵验，很多人慕名而来。

一天，有3人进京赶考，恰好从这里经过。3人听说这里的道士算命很灵，便点上香，叩了头，拜问科场凶吉。

只见道士闭目朝天，煞有介事地伸出一个指头。3人不解其意，求道士点明。却见道士拿起指尖一挥，然后说道："此乃天机，不可一语道破，到时候自然会明白。"3人怏怏而去。

3人走后，道童好奇地求问："师父，他们3人中到底有几个能考中啊？"

道士微微一笑："中几个都说到了。"

道童还是不解："你这一个指头，是指中一个？"

"对。"老道回答。

"那要是中两个呢？"

"那就是有一个不中。"

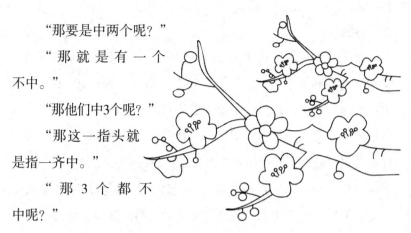

"那他们中3个呢？"

"那这一指头就是指一齐中。"

"那3个都不中呢？"

道士大笑："那就是一个也中不了！"

道童这才恍然大悟："原来这就是'天机'啊！"

这个故事流传甚广。是否确有其事，我们姑且不去考证。但老道对一指的妙解，却让人感叹其圆滑之余，不得不佩服老道随机应变之高明。

正如"水无常势""兵无常法"一样，商战很难用一种模式来进行。而且，瞬息万变的商场，需要决策者、经营者随之做出快速反应。在这方面，英国壳牌石油公司随机应变的经营策略，可谓运用到炉火纯青的境界。

最早从经营贝壳等饰品起家的塞缪尔父子，凭借"犹太人的灵感"，在日益激烈的石油工业竞争中站稳了脚跟，不但抵制了洛克菲勒财团的吞并，而且与皇家荷兰石油公司联手，在世界石油市场上以其独特灵活多变的经营方式与洛克菲勒平起平坐，最终成为全球性的大石油公司，甚至在利润上大大超过洛克菲勒控制的埃克森石油公司。对跨国石油公司来说，最大的风险，也是最难对付的情况，就是世界局势的不稳定。为此，壳牌公司布置了3道防线。

首先，它有效地建立了分散经营网络。壳牌公司在50多个国家勘探石油和天然气，在34个国家提炼石油，并向100多个国家销售石油。这样，如果一个地方发生政治或经济动乱，壳牌在其他地方的公司就不容易受牵连。而在政治气候特别微妙的国家，壳牌公司则通过垄断市场来确保自己获得高额利润。

其次，壳牌力求产品多样化。壳牌在全球设有300多家从事石油、天然气、化工和有色金属生产的公司。这样，既可在局部政局不稳时减小影响，也可以避免季节性波动。

再次，快速应变是壳牌经营成功的关键。壳牌公司较之其他企业，"忧患意识"更为强烈。

如果说世界大部分企业的"忧患意识"还仅仅停在"意识"上，那么壳牌则不然。它不但有着强烈的"忧患意识"，而且建立了行之有效的应急措施。它密切关注世界各地政治、经济形势的波动给国际石油市场带来的瞬息变化，只要一有风吹草动，壳牌公司能马上做出反应。不仅如此，壳牌的分公司每年要举行4次石油供应突然中断的"演习"。由近130艘油轮组成的壳牌船队，随时会遇到突如其来的模拟"意外"。频繁的演习，增强了各地分公司对不测情况的应付能力。在海湾战争期间，壳牌公司每天失去由科威特和伊拉克供应的几十万桶原油，但由于公司有充分的时间应付危机的准备，所以在世界石油市场受到战争的冲击发生严重危机时，壳牌却没有受到多大影响。

"变"与"不变"是相对的。用多变的方法去处理多变的问题，这本身不是一个相对固定的办法。正像壳牌公司随机应变的经营手法一样，正因为它的经营手法呈现出多样性，当世界某地政治、经济发生变化时，它却可以"稳坐钓鱼台"。

（七）假阳行阴　乘疏击懈

公元755年，安禄山以讨伐杨国忠为名，率所部及一些少数民族军队10余万人，号称20万人，由范阳（今北京）急速南征。大军所到之处，绝大多数州县望风而瓦解，或降或逃或被杀，毫无抵抗能力。12月，安禄山已抵达灵昌（今河南滑县西南），利用河水结冰迅速渡过黄河，克陈留、陷荥阳，直逼虎牢（今河南汜水）。

直到此时，安禄山才遇到唐朝由封常青率领的6万官军的阻挡。可是，封常青所率官军都是仓促征集未曾训练的新兵，哪里经得起安军铁骑的冲杀。封常青大败于虎牢，再败于洛阳城郊，三败于洛阳东门内。百般无奈只得以退为进，与陕州的高仙芝合军，弃城让地，退守潼关，企图据险抗击，防止安军进入长安。唐玄宗心急火燎要反攻，怒斩敢于后退避敌的封常青和高仙芝。派哥舒翰带8万兵马前往潼关替代，一面敕令天下四面出兵，全攻东都洛阳。

安禄山本拟从洛阳亲攻潼关，以便一举夺下西京长安推翻唐朝。不料河北军民在颜杲卿、颜真卿的带动下奋起抗击，声势浩大，切断了洛阳官军与范阳老巢的联系。加上李光弼、郭子仪两大将军及时率兵出陉，与河北军民声气相连，对安军形成了很大的威胁。安禄山只得退洛阳重做部署：派猛将史思明回救河北，令儿子安庆绪攻夺潼关。无奈河北军尤其是名将李光弼、郭子仪足智多谋、英勇善战，史思明连连败退。而哥舒翰则凭潼关险要，只守不出，安军根本无法西进。唐朝终于稳住阵脚，有了抽调优秀兵力以一举灭敌的机会。安禄山则前阻潼关，后断归路，虽已迫不及待地在洛阳当起了大燕皇帝，实际心虚途穷，无所作为了。

不料，正在安禄山日夜担心的时候，唐玄宗迅速平叛竟听信杨国忠的片面情报，下令哥舒翰急出潼关，进灭安军。哥舒翰只得放弃天险进攻。10余万唐军将士，即此丧命于安军的伏杀之中。长安的屏障无端落入叛军之手。

潼关失守，长安乱作一团。原本怒不可遏，急于平叛的唐玄宗，此时已志丧神靡，只带了杨贵妃姐妹及皇子皇孙，颤抖着乘夜溜出长安，逃往西蜀。公元765年，安禄山又轻松地夺取了西京长安……这就是使唐朝由强盛走向衰败之深渊的关键点——"安史之乱"的第一个阶段。

人们不禁要问：大唐正处强盛之际，虽然朝政已开始衰败，但依然拥有80万雄兵、一大批忠于皇室愿意效死疆场的将帅和历史上最广阔的国土以及取之不尽的战略资源；而区区安禄山虽生性狡诈，但并无雄才大志，虽控兵近20万，但仍不足唐军的1/4，且反叛朝廷不得人心，却为何能势如破竹，瞬间攻战唐朝两京，逼得唐玄宗闻风而逃呢？这里主要的原因，是安禄山成功地运用了"假阳行阴，乘疏击懈"的计谋。

戒备松懈之敌，势必思想麻痹，斗志涣散，指挥不力，协同不好，反应迟钝，战斗力弱。"乘疏击懈"就是要出其不意地在这种时机向敌人发起猛攻，使敌人措手不及，神志混乱，失去抵抗能力。但在一般情况下，敌人不会麻痹松懈。因此在发起猛攻之前，往往要通过"假阳行阴"来迷惑敌人，使自己养精蓄锐。

"阳"是公开、暴露，"阴"是伪装、隐蔽。"假阳行阴"就是用公开的行动来掩护隐蔽的企图和行为。

安禄山在发起攻击之前，用了整整10年时间来施行"假阳行阴"的计策。

安禄山的"假阳"就是故意装出痴直、笃忠的样子，赢得唐玄宗百般信任，对他毫不防备。公元743年，安禄山已任平卢节度使，入朝时唐玄宗常常接见他，并对他特别优待。他竟乘机上奏说："去年营州一带昆虫食臣心；否则请赶快把虫驱散。下臣祝告完毕，当即有大批大批的鸟儿从北飞下来，昆虫无不毙命。这件事说明只要为臣的效忠，老天必然保佑。应该把它写到史书上去。"

如此谎言，本十分可笑，但由于安禄山善于逢迎，唐玄宗竟信以为真，并更加认为他憨直诚笃。安禄山常对唐玄宗说："臣生长蕃戎，仰蒙皇恩，得极宠荣，自愧愚蠢，不足胜任，保有以身为国家死，聊报皇恩。"唐玄宗甚喜。

有一次正好皇太子在场，唐玄宗与安禄山相见，安禄山故意不拜，殿前侍监喝问："禄山见殿下何故不拜？"安禄山佯惊道："殿下何称？"唐玄宗微笑着说："殿下即皇太子。"安禄山复道："臣不识朝廷礼仪，皇太子又是什么官？"唐玄宗大笑着说："朕百年后，当将帝位托付，故叫太子。"安禄山这才装作刚刚醒悟似的说："愚臣只知有陛下，不知有皇太子，罪该万死。"并向太子礼拜，唐玄宗感其"朴诚"，大加赞美。

公元747年的一天，唐玄宗设宴。安禄山自请以胡旋舞呈献。唐玄宗见其大腹便便竟能作舞，笑着问："腹中有何东西，如此庞大？"安禄山随口答道："只有赤心！"唐玄宗更高兴，命他与贵妃结为异性兄妹。安禄山竟厚着脸皮请求做贵妃的儿子。从此安禄山出入禁宫如同皇帝家里人一般。杨贵妃与他打得火热，唐玄宗更加宠信他，竟把天下四分之一左右的精兵交给他掌管。

安禄山的叛乱阴谋许多人都有察觉，一再向唐玄宗提出。但唐玄宗被安禄山"假阳行阴"之计迷惑，将所有奏章看作是对安禄山的妒忌，对安禄山不仅不防，反而予以同情和怜惜，不断施以恩宠，让他由平卢节度使再兼范阳节度使、河东节度使等要职。

安禄山"假阳行阴"之计得手，唐玄宗对他已只有宠信，毫不设防，他便紧接着采取"乘疏击懈"的办法，搞突然袭击。他的战略部署是倾全力取道河北，直扑东、西两京（长安和洛阳）。

这样，安禄山虽然只有10余万兵力，不及唐军的1/4，但唐军的猛将精兵，皆聚于西北，对安禄山毫不防备，广大内地包括两京只有8万人，河南、河北更是兵稀将寡。且平安已久，武备废弛，面对安禄山一路进兵，步骑精锐沿太行山东侧河北平原进逼两京，自然是惊慌失措，毫无抵抗能力。因而，安禄山从北京起程到袭占洛阳只花了33天时间。

唐军毕竟比安禄山实力雄厚，惊恐之余的仓促应变，也在潼关阻挡了叛军锋锐，又在河北一举切断了叛军与大本营的联系。然而无比宠信的大臣竟突然反叛，唐玄宗既被"假阳行阴"之计震怒，又被"乘疏击懈"之计刺伤了自尊心，变得十分急躁。而孙子曰："主不可以怒而兴师，将不可以愠而致战。"安禄山的计谋已足使唐玄宗失去了指挥战争所必需的客观冷静，又怒又急之中，忘记唐军所需要的就是稳住阵脚，赢得时间以调精兵一举聚歼叛军之要义，草率地斩杀防守得当的封常青、高仙芝，并强令哥舒翰放弃潼关天险出击叛军，哪有不全军覆灭一溃千里的呢?

安军占领潼关后曾止军10日，进入长安后也不组织追击，使唐玄宗安然脱逃。可见安禄山目光短浅，他只想巩固所占领的两京并接通河北老巢，消化所掠得的财富，好好享受大燕皇帝的滋味，并无彻底捣碎唐朝政权的雄图大略。然而，就是这样一个目光短浅的无赖之徒，竟然把大唐皇帝打得溃退千里，足见"假阳行阴，乘疏击懈"计谋的效力了。

战争中不乏挂羊头卖狗肉之事，商场上也常用"假阳行阴"之计，当对手疏忽懈怠时，割取他的脑袋他还不知道是谁下的毒手。商业竞争中自然也就常用"乘疏击懈"之计从对手手中突然抢取自己所需要的东西了。

三、广结善缘 以和为贵

多一个朋友多一条路，处世以和为贵，即使做不成朋友，也切忌树敌。凡成大事者，必有众人相帮，毕竟一个人的力量是有限的。

（一）和气致祥 相安无事

春秋争霸，虽然大都处在你死我活的争斗之中，但是，在各诸侯国之间以及各诸侯国与外族之间，也不乏和平友好相处的时期。并且，在争夺霸权的斗争中，这种和平共处也是一种重要的谋略。

魏绛和戎就是一例。晋悼公对内政大力进行整顿，君臣之间团结一致，国力强盛起来，声威大震，北方的戎人不敢侧视。公元前569年，北方戎人无终部落酋长喜父派孟乐到晋国，通过魏绛的关系给晋悼公献上了一些虎豹皮，请求晋国与戎人各部落讲和。

对于戎人的纳贡求和，晋悼公不想应允。他说："戎狄他们都不讲信义，贪得无厌，不如讨伐他们。"

魏绛分析了当时晋国所处的地位和形势，劝谏晋悼公说："各诸侯刚刚归服我们，陈国也是在最近才归服我们，并且正在观察我们的表现。如果我们有德，他们就会更亲近我们，否则，就会背叛。现在如果我们兴师动众去征伐戎狄，让楚国乘机攻打陈国，而我们又不能去救援他们，这实际上是抛弃陈国。中原诸国也必然会背叛我们。戎狄本来就难以驾驭，如果我们征服了戎狄却失去了中原各国，恐怕得不偿失吧！"接着，魏绛向悼公讲了后羿的故事，劝诫悼公不要过分热衷于田猎等事。

听了魏绛的话，悼公仍然犹豫不决，他问："还有没有比跟戎狄讲和更好的办法呢？"

魏绛回答说："与戎人讲和，有五大好处：戎狄四处流动，逐水草而居，他们重财轻土，我们可以把他们的土地买来，这是第一点；边疆不必再加强警备防守，百姓可以安心耕种，管理边疆农田的官员也可以完成任务了，这是第二点；一旦戎狄侍奉晋国，四周各国必然被惊动，各诸侯会因为我们的威望而更加顺服，这是第三点；以德行安抚戎狄，能免去将士远征之苦，武器也不会被损坏，这是第四点；汲取后羿亡国的教训，推行德政，使远方的国家来朝，邻近的国家安心，这是第五点。同戎人讲和有这样多的好处，主公还是认真考虑一下吧！"

悼公听后非常高兴，便让魏绛和戎狄各部落结盟。

晋国和戎人讲和，使晋国解除了后顾之忧，同时，为其同楚国的争霸提供了兵力。晋悼公为了表彰魏绛的功绩，给予他很高的奖赏。

和平共处在于相安无事，使各方能够合理地调配，使用人力、物力、财力去攻克主要方向，解决主要问题，对付主要敌人。《壶天录》中说："和气致祥，乖气致戾，处家固然也，既涉世亦何莫不然！"从这个意义上理解，和平共处不仅可以作为政治外交谋略，而且还可以作为一种经济谋略和处世谋略。

人们通常认为，商场如战场，竞争就是拼杀，互相吞并。然而，记住"长江"的含义，和平共处，百川汇流，将会获得巨大的成功。其中的深刻内涵，值得世人进行研究和汲取。

（二）海阔胸怀 网络众心

天下已定，各位功臣翘首以待，总希望能有个好结果，有的已迫不及待，早就在那儿争论功劳大小了。刘邦觉得，也该到了封赏之时了。

封赏结果，文臣优于武将。那些功臣多为武将，对此颇为不服，其中对萧何封侯地位最高食邑最多，最为不满。于是，他们不约而同，找到刘邦提出质疑："臣等披坚执锐，亲临战场，多则百余战，少则数十战，九死一生，才受赏得赐。萧何并无汗马功劳，徒弄文墨，安坐议论，为何还封赏最多？"

刘邦打了个形象的比喻，说："诸位总知道打猎吧！追杀猎物，更靠猎狗，给猎狗下指示的是猎人。诸位攻城克敌，却与猎狗相似，萧何却能给猎狗发指示，正与猎人相当。更何况萧何是整个家族都跟我起兵，诸位跟从我的能有几个族人？所以我要重赏萧何，诸位不要再疑神疑鬼。"

众功臣私下的议论当然免不了，但毕竟与萧何无仇，对此事也就算了。

一天，刘邦在洛阳南官边走边观望，只见一群人在官内不远的水池边，有的坐着，有的站着，一个个都是武将打扮，在交头接耳，像是在议论什么。刘邦好生奇怪，便把张良找来问道："你知道他们在干什么？"

张良毫不迟疑地答道："这是要聚众谋反呢！"

刘邦一惊："为何要谋反？"

张良却很平静："陛下从一个布衣百姓起兵，与众将共取天下，现在所封的都是以前的老朋友和自家的亲族，所诛杀的是平生自己最恨的人，这怎么不令人望而生畏呢？今日不得受封，以后难免被杀，朝不保夕，患得患失，当然要头脑发热，聚众谋反了。"

刘邦紧张起来："那怎么办呢？"

张良想了半晌，才提出一个问题："陛下平日在众将中有没有造成过对谁最恨的印象呢？"

刘邦说："我最恨的就是雍齿。我起兵时，他无故降魏，以后又自魏降赵，再自赵降张耳。张耳投我时，才收容了他。现在灭楚不久，我又不便无故杀他，想来实在可恨。"

张良一听，立即说："好！立即把他封为侯，才可解除眼下的人心浮动。"

刘邦对张良是极端信任的，他对张良的话没有提出任何疑义，他相信张良的话是有道理的。

几天后，刘邦在南宫设酒宴招待群臣。在宴席快散时，传出诏令："封雍齿为什邡侯。"

雍齿不敢相信自己的耳朵。当他确信无疑真有其事后，才上前拜谢。雍齿封为侯，非同小可。那些未被封侯的将吏和雍齿一样高兴，一个个都喜出望外："雍齿都能封侯，我们还有什么可顾虑的？"

事情真被张良言中了，矛盾也就这么化解了。

论功封赏，这是件好事。然而，每次论功封赏都不可能面面俱到，结果总是一部分人笑逐颜开，一部分人心灰意冷，弄得不好甚至还会出现一些意想不到的副作用。本来是一件好事，到头来却没有收到好的效果。刘邦的论功封赏，的确体现了战争中以地位作用高低论功，在发现由此出现的一些矛盾后，又能以宽容为怀，化解矛盾。这种智谋既保证发挥了自己队伍中骨干的积极性，又能做到队伍的基本稳定。

"百川入海，有容乃大。"意思是说，千百条河流之所以能流入大海，是因为大海有兼收并蓄的宽大胸怀。无论古今，无论政坛还是商海，都要能够容人，能够容纳不同意见的人，这样才能做到事业的兴旺。

北京有位厂长，很有容人的胸怀，在当地传为美谈。

有一次上级组织质量大检查，参加这次检查的不仅有主管局的领导、专家，还有各厂的一些技术骨干。有个外厂的小伙子在检查中，当着这位厂长的面提出了尖锐的批评："你们的计量器既不准确，也不齐备。你这个厂长怎么当的？"又说："计量是工业生产的眼睛，不抓计量，就等于眼睛看不见了，怎么抓产品质量？"

大概是年少气盛，往往得理不饶人的缘故吧，那个小伙子越说越尖锐，丝毫没有顾忌那位厂长的面子。

可是，厂长却颇有大将风度。这些尖刻、刺耳的话并没有引起他什么不愉快，相反他还连连说道："提得好！提得好！"这可不是那种敷衍搪塞式的一般表态，而的确是从心底里接受意见的态度。因为他知道，他厂里缺的就是计量方面的人才，没有人怎么能搞好计量呢？

他眼前一亮，这个小伙子不就是现成的人才吗？他赶快与兄弟厂联系，想方设法要把这个小伙子调来。经过努力，调动终于成功。小伙子果然是计量方面的一把好手，全厂的产品计量都由他负责，产品质量自然上了一个新的台阶。

厂里有个年轻的女技术员与车间的一位老师傅闹矛盾，弄得很不愉快。厂长批评这个女技术员，她不服气，当面和厂长争吵起来，还甩下手里的工作，扬言要调离这个厂。厂长并没有给她穿小鞋，从那以后就像没发生那回事一样。有一天厂里通知这个女技术员，说是要送她出去学习，让她把整套技术学回来，回来后就让她专门负责这个方面的工作。当时，她简直难以置信。同时，她也为自己态度不好而感到惭愧。

学习回厂后，她主持编写了专门的《工艺手册》，成了厂里的技术骨干。过去，她一度打报告说要调走，学习回来后她却说："这回我是棒打也不走了。"

能有这样容人大量的厂长，厂里的生产还能搞不好吗？

（三）求才若渴 礼贤下士

燕王姬哙把王位传给他的宰相子之。子之做了3年国王，燕国大乱，百姓怨恨，齐国乘机进攻燕国，燕国大败，子之被杀。过了两年，燕国贵族立公子平为国王，就是燕昭王。经子之之乱和齐国的入侵，燕国被糟蹋得残破不堪，国都蓟几乎成了一片废墟。燕昭王决心改革政治，加强军事，发展生产，使燕国强盛起来，以便早日报齐国入侵之仇。于是他特地去请教郭隗先生，说："齐趁我国内乱攻破我们。我很清楚燕国地方小，人力弱，谈不上报仇。然而，请到能人共理国事，以雪父王之耻，我的愿望在此！请问报仇该怎么办？"

郭隗先生听了回答说："开创帝业的人常与师长共处，建立王业的人常有良才相伴，完成霸业的人必有贤臣辅佐，而亡国之君就只会跟奴才们混在一起。若能放下架子，尊能人、贤者为师，恭恭敬敬地向他们学习，那么，才能胜过自己百倍的人就会到来；若能以礼事人，虚心受教，那么，才干胜过自己10倍的人就会到来；如果别人怎样做，也跟着怎样做，那么，才能跟自己差不多的人就会到来；如果凭己执仗，横眼斜视，指手画脚，那么只有奴才们才会到来；如果瞪起眼睛，晃着拳头，顿脚吆喝，对人斥责，那么，来到的就只有下等的奴才，这些都是礼贤下士和招致能人所应注意选取的标准。大王如果能广选国内的贤才，尊奉为老师，亲自去拜见求教，天下都知道大王礼敬贤才，那些有才能的人肯定会争先恐后集中到燕国来了。"

燕昭王说："我现在该向谁礼敬才行？"

郭隗先生道："我听说古代有个国君，花千金购千里马。3年没买到。这时宫中有个侍臣对国君说'请让我去买吧'，国君就派他去。找了3个月，果然找到一匹千里马，可是那匹马已经死了。侍臣就用500金买下了那匹马的头，回来报告国君。国君大发雷霆，说：'我要的是活马，死马有什么用？白白地丢了500金！'那个侍臣说：'一匹死马还用500金买来，何况活马呢！人们必定认为大王确实不惜重金购买良马，千里马很快就会送上门来了。'不到一年，果然送来了3匹千里马。现在大王真要招致人才，就从我开始吧。像我这样的人还能受到您的重用，何况比我更有才干的呢？难道他们不会不远千里而来吗？"

燕昭王采纳了郭隗的意见，郑重地请郭隗到朝中来，拜他为老师，日夜和他商量复兴国家的大计。为了表示对郭隗的尊敬，给郭隗以优厚的待遇。当时燕国的宫殿被战火烧了，燕王自己没有像样的宫殿居住，和大臣们一起办事也是在临时搭的简陋草房内，却单独给郭隗筑起一个高台并在其上给他建造了华丽的馆舍，又举行了隆重的仪式，恭恭敬敬地请郭隗到里面居住。还在这高台上放置许多黄金任郭隗取用。人们都称这高台为"黄金台"。

这件事很快传遍四方，人们都知道燕昭王敬重贤才，尊重人才，一些有真正本领的人，都先后聚集到燕国来。著名的军事家乐毅从魏国来到燕国，善于带兵打仗的剧辛从赵国来到燕国，精通天文地理的阴阳家邹衍从齐国来到燕国……这样许多豪士云集燕国。28年后，燕国果真殷实富强，以乐毅为统帅的四国合纵军长驱直入齐国，为先王雪耻。

网罗人才需要有足够的吸引力，卑躬屈节地侍奉贤者当然是一种手段，但利用人才之间的攀比和竞争心理，造就有利于人才生存，人尽其才的有利条件，更可以吸引大批人才不请自来，造成人才队伍不断壮大的良性循环。郭隗也许说不上大才，可连郭隗也被燕王如此器重，更何况大才。敬重郭隗只是一种号召、一种榜样、一种象征，它必然产生强烈的社会效应，促使信息迅速传播，给人才的心理产生有效震动。这比君王屈尊下士，一个一个地前往访求对人才的影响更广泛、更强烈。

现代的企业家中，在招募人才时，应该说也有从这历史故事中受到启示者，珠海市重赏科技人员就是一例。

1992年3月9日，珠海市召开了1992年度科技进步突出贡献奖奖励大会。会上，荣获特等奖的迟斌元、沈定兴、徐庆中3人分别被奖励奥迪牌小轿车一辆、三室一厅住房一套和巨额奖金。

这些获奖项目，是经过奖励委员会严格评审定出的，都是技术较为先进为国家创造了巨额财富的项目。

如珠海特区生化制药厂厂长、高级工程师迟斌元以其研制的特效止血药品"凝血酶"获得特等奖，在他领导下的生化制药厂，在短短两年间，就以一流的技术开发出一流的产品，并创造了一流的效益。1991年，这家仅有50人的企业完成了3000多万元产值，人均利税达12万元。因此迟斌元除获奖小汽车一辆、住房一套外，还获得2.6184万元奖金，奖品总值近百万元。

港台和内地有些科技人士对珠海的做法表示不解，认为像"凝血酶"之类的项目并非尖端科技，并不值得如此重奖。但珠海市政府却认为，他们评出的项目，都属于科技含量高的项目，都能为国家创造巨额财富，重奖他们，就可以使珠海在全国树起一面重用科技人才的旗帜，使人们看到搞科技也可以成为"百万富翁"，那么更尖端更先进的项目自然也能在珠海落户。

现在看起来，珠海市以百万元重奖科技人员的"尊贤致任"之举已达到预期的目的。珠海市科技部门在不到一个月的时间内，收到海外留学人员来信200多封，其中不少人要求到珠海工作和定居；国内也先后有100多人次带着30多个高科技项目来洽谈，一时间珠海呈现出一股科技潮。

1992年10月份，珠海市又准备购买一批房屋与小汽车作为次年奖励之用，这种重奖今后还将每年进行一次。《羊城晚报》10月23日在头版头条以"珠海市重奖文章续笔有神"为题，对珠海这一做法给予了高度的评价。

（四）重视人才　重金礼聘

秦始皇的著名宰相李斯在回顾秦国发迹史时，曾经说过这样一段话："在秦穆公的时候，从西边的戎人那里得到了由余，从东边的宛地得到了百里奚，从宋国接来了蹇叔，从晋国迎来了邳豹、公孙枝，这些人都不是秦国人，而穆公能够信任他们，兼并了20个国家，称霸于西方。"的确，在秦穆公图霸的活动中，广招人才，任用贤能，是其极富特色的谋略。

秦穆公招百里奚和蹇叔还有一段生动的故事。

百里奚是虞国人，家境很贫苦，到了中年的时候才外出谋事。他先到齐国游说，可是没有人用他，常常苦到靠讨饭度日。后来，他到了宋国，遇见隐居僻壤的蹇叔，两人很是投机，成为至交。他们一起来到王室帮王子颓养了一段时间的牛，后见王室纷乱，便离开了王室，回到故乡。晋国灭虞后，百里奚成了晋国的俘虏，后被晋献公作为女儿的陪嫁奴隶送往秦国。

在去秦途中，百里奚逃到楚国的宛地，靠养牛看马为生。秦穆公发现晋国送来的陪嫁奴隶中少了百里奚，追问中，得知他是一个有才德的老人，正在楚国放养牛、马。穆公想，如果向楚人说明百里奚的才德，楚人肯定不会放人。于是，穆公指使大臣向楚人说百里奚只是一个在逃的奴隶，以当时一个奴隶的身价（5张羊皮）赎回百里奚。当百里奚到了秦境后，秦穆公便热情地接待他，并在宫中同百里奚谈了三天三夜，更觉得他是治国之才，便把国家大事交给他管。百里奚推荐蹇叔，说蹇叔是一个很有政治远见的人。于是，秦穆公用隆重的礼节请来蹇叔，叫他做上大夫。蹇叔和百里奚成了秦穆公的左、右宰相。

秦穆公还任用百里奚的儿子孟明视、蹇叔的儿子西乞术和白乙丙为秦国的大将，帮助秦穆公训练军队，振兴武备。晋国人邳豹、公孙枝及后来戎人的使节由余，这些不同国别、不同出身的有才能的人，也纷纷为秦穆公所重用。在秦穆公称霸的活动中，百里奚等将相起了很大的作用。可以这样说，秦穆公的霸业，正是从全方位招贤用贤开始的。

人才问题，历来是成就大业者重视的问题。《孙子兵法》云："夫将者，国之辅也，辅周则国必胜，辅隙则国必弱。"也就是说，将帅是国君的助手，如果辅佐周到，国家就会强盛；如果辅佐疏忽，国家就会衰弱。然而，用人之道各有不同。秦穆公不分国籍、不分出身、不分老幼，全方位地招揽人才，任用贤能，可以说是用人之道高人一筹。这也是秦国能称霸西部的重要原因。

"全方位招贤"也是商战取胜的重要谋略。一些经济发达国家，经济之所以发达，与他们的广用人才分不开。美国在二次世界大战后采用重金礼聘政策，以年俸1.5万到4万美元招募科学家，加之美国当时已成为世界科学中心，结果，其他国家的许多科学家都纷纷聚集美国，这对美国经济发展起了重大作用。

全方位地网罗人才，也是企业兴旺发达的关键之一。山东有个南李屋村，他们成立的"南里"公司，在用人策略上就与其他村办企业不同。别人是"借脑袋生财"，人才不过是高级"借用品"，始终处于配角和从属地位；而他们则是"搭一个戏台，让人才唱主角"。

"南里"公司聚拢人才的方式也是多渠道、全方位的。具体说就是：第一，发挥优势就地"挖"。他们从毗邻的胜利油田这一人才密集型企业聘来高级工程师、工程师、会计师、律师和技师等，还聘用了不少离退休技术人才，有30人由油田职工变成了南里公司员工；第二，根据需要外地"引"。他们先后从山东、北京、湖南、辽宁等地引进化验、电器、化工、外语、贸易和管理等人才近40名；第三，瞄准学校登门"求"。他们先后从大专院校物色到14名毕业生，他们都通过正常渠道来到"南里"；第四，厂校挂钩主动"训"。他们与清华大学铸造教研室建立起项目协作关系，先后派4批技术人员前往进修培训。此外，"南里"公司还把招募人才的触角伸向海外，招来外国专业人才加盟其办事机构。

各方人才的引进，使"南里"公司的事业迅速发展。1992年6月成立"南里"威远公司，投资739万元，在威海经营房地产开发业务，仅半年时间就增值到1164万元。同时成立的"南里"青岛公司，是由大学生组成的"学生军团"，他们利用青岛的旅游优势，与台商、港商合作开办"三和"文化娱乐公司，一次购买20部"拉达"轿车搞出租服务，经营十分红火。现在，"南里"集团已经走出了渤海湾，走向太平洋，走向了世界。

（五）广结善缘　朋友满天下

孟尝君以养士而闻名。一次，他的门人冯煖到孟尝君封地

（薛地）收债，他收了能还者的债契，不能偿还者，一一验证了契卷后，出人意料地大声宣布："所有债务全部免除。"随着一阵青烟，契卷被付之一炬。

这是春秋时冯煖以门客的身份，为孟尝君"举义"的一个场面。冯煖此举，并非全是为了民生之苦，而是富有远见地为孟尝君留取资本，后来的事实验证了此点。

齐国新王即位，孟尝君失宠，由国都被逐往薛地。孟尝君凄惶茫然之时，见封地的百姓们成群结队到百里之外的大路上跪迎他。

在薛地，孟尝君受到的拥戴使齐王震惊，齐王因此向孟尝君道歉。一年后，居然答应将宗庙建在薛地，并隆重迎接孟尝君回国郡作相。

多栽花，少种刺；多铺路，少拆桥。这是古人教育后辈晚生的诚言。冯煖所为，实不难让人领悟其中所蕴含的智慧。

近代以来，搞民意测验，常有一些反常现象，得票率高的往往不是那些争强好斗、激进偏执的人，善搞中庸调和的人往往最有群众基础。

谁不得人心，谁就处处碰壁。谁能广结善缘，谁就朋友满天下。

（六）网络关系　能量无边

为了达到某种目的，说服他人接受你的建议，可供选择的有效方法之一，就是设法找到和他有亲近关系且赢得他信任的人，让他帮你去说服。

这就是"关系学"。人是有感情的动物，对于有亲近关系的人，由于心理上有一种认同倾向，或碍于情面，一般不会轻易拒绝对方，正是这种心理，为人们提供了可以利用的机会。

张仪做秦国宰相时，有一次，秦惠王对楚怀王提出要求，想将商于之地和楚国的黔中之地交换。这时，楚怀王说："交换土地，还是免谈罢！但是，如果你交出张仪，我愿意把黔中之地免费奉送。"

张仪由于此前多次欺骗楚王，使楚国蒙受重大损失，所以楚王对他自然是深恶痛绝，只想抓到张仪，将其碎尸万段。

张仪听到这个消息，便对秦惠王说："让我去一趟楚国吧！"

到了楚国之后，张仪马上找到以前的老朋友靳尚。靳尚是楚怀王信赖的近臣，又是楚怀王宠妃郑袖的得力助手。张仪想靠靳尚和郑袖这两位楚王亲近的人来帮助自己脱离险境，完成使命。

楚怀王见到张仪之后，不分青红皂白就地逮捕他，欲置之死地而后快。这时，靳尚立刻挺身而出，向郑袖说道："我看不妙了，大王对您的宠爱，恐怕就到此为止了。""到底因为什么呢？""大王想杀死张仪，可是张仪却是秦王的宰相。秦王为了救出张仪，打算把上庸的土地和美丽的公主送给楚王，而且公主还将带来漂亮的歌妓。这样一来，大王一定会宠爱秦国的公主，而不再宠爱您了。为了巩固您的地位，无论如何，必须赶快让大王释放张仪。"

靳尚的这些话自然都是张仪教唆的。

郑袖岂可让秦公主横刀夺爱！于是便向楚王哭诉道："一个做臣子的，替他的国君效忠，那是理所当然的，您怎么能单单责怪张仪呢？再说，我们又没有送秦国土地，而秦国却先派张仪过来，这就是对方相当看重我们大王的证明。然而，大王不但没把他当使者看待，还想杀死他，这显然会触怒秦王的，万一秦国兴师问罪，怎么办呢？我不想就这样被杀，希望您休了我，让我带着太子离开吧！"

楚怀王见此情景，不得不重新加以考虑，最终还是释放了张仪。

张仪就这样利用了靳尚、郑袖和楚王的亲近关系，逃离了虎口，使得自己的游说生涯能继续维持下去。

四、有容乃大　忍者海涵术

受辱不羞，不仅是政治家应有的风度和品质，对于经商者，同样是一条重要的修养信条。有作为的人，99%是在贫穷困苦中，或是在恶劣环境中，经过一段艰苦的磨炼，然后获得成功的。

（一）能忍方能成大器

渑池之会结束，赵王回到国中，因为此行以蔺相如的功劳最大，拜蔺相如为上卿。廉颇说："我身为赵国的将军，有攻城野战、扩土保疆的大功勋，而蔺相如呢，只不过动动口舌，立了点儿功，居然位高于我，而且蔺相如的出身本来就微贱，太使我难堪了，叫我如何忍受坐在他的下首呢？"因此，他公然扬言道："我碰到蔺相如，一定要他好看！"蔺相如听说了，就尽量避免与廉颇见面。每当朝会的时候，他经常托词生病而不出席，免得和廉颇争位次。

有一次，蔺相如外出远远地望见了廉颇，便赶紧令从人调转车头躲避。于是他的一些门客联合起来，言道："我们之所以离亲别故地追随在您的左右，只不过是仰慕您的高义啊，如今，您和廉颇同朝为官，廉颇公开恶言抨击，而您竟吓得这般躲藏不敢露脸，未免过分地胆小怕事了，这种事连寻常人也觉得是耻辱，何况是位居将相的您呢！我们没有这等涵养，容我们告辞吧！"蔺相如再三挽留，说："依诸位看，廉将军比那秦王强吗？""当然比不上秦王了。"大家异口同声地说。"以那秦王的权威，我尚且敢在大庭广众之间呵责他，羞辱他的群臣。我蔺相如再不中用，难道就只怕廉将军吗？但是我一想到强秦之所以不敢对赵国发动战争，还不是因为他和我同时在朝为官嘛。如果我们两个人斗气，就会如两虎相争一般，哪有两全之理？我之所以避着他，无非是把国家的危难放在前头，把个人恩怨搁在后面就是了。"廉颇听说后被感动了，就袒露着上体，带着荆鞭，由朋友陪着来到蔺相如家谢罪。他说："我太浅薄了，没想到先生您的胸襟如此宽大。"两人从此结为至交，成为生死与共的朋友。

在大敌面前，蔺相如几次临危不惧，针锋相对，以刚制刚，从而不辱使命。而在自己人面前，他却能受辱不羞，以柔克刚，使对方心服口服，终于有了"将相和"的千古佳话。

（二）心若止水看世界 一朝风来起狂澜

历代奸相中，大概没有谁比严嵩的影响更大了。在他当政的20多年里，"无他才略，唯一意媚上窃权罔利""帝以刚，嵩以柔；帝以骄，嵩以谨；帝以英察，嵩以朴诚；帝以独断，嵩以孤立。"与昏庸的嘉靖帝"竟能鱼水"。

严嵩之所以当政长达20余年，与嘉靖帝的昏庸有着十分密切的关系。世宗即位时年仅15岁，是一个乳臭未干的孩子。加之不学无术，他在位45年，竟有20多年住在西苑，从来不回宫处理朝政。正因为如此，才使得奸臣有机可乘。事实上，在任何朝代，昏君之下必有奸臣，这已成了一条规律。

虽然严嵩入阁时已年过60，老朽糊涂。但其子严世蕃却奸猾机灵。他晓畅时务，精通国典，颇能迎合皇帝。故当时有"大丞相、小丞相"之说。在严嵩当政的20多年里，朝中官员升迁贬谪，全凭贿赂多寡。所以很多忠臣都被严嵩父子加害致死。

为了反对严嵩弊政，不少爱国志士为此进行了前仆后继、不屈不挠的斗争，也有不少志士因此献出了生命。在对严嵩的斗争中，徐阶起到了决定性的作用。

徐阶在起初始终深藏不露，处理朝政既光明正大又善施权术。应该说，在官场角逐中既能韬光养晦，又会出奇制胜，是一位弹性很强的有谋略的政治家。他的圆滑，被刚直的海瑞批评为"甘草国老"。虽然他"调事随和"，但仍与严嵩积怨日深。在形势对徐阶尚不利时，徐阶一方面对皇帝更加恭谨，"以冀民怜而宽之"；另一方面，对严嵩"阳柔附之，而阴倾之"，虽内藏仇恨，表面上却做出与严嵩"同心"之姿态。为了打

消严嵩的猜忌，徐阶甚至不惜以其长子之女婚许于严世蕃之子。

时机终于来了。嘉靖四十年11月25日夜，嘉靖皇帝居住近20年的西苑永寿宫付之一炬。大火过后，皇帝暂住潮湿的玉熙殿。工部尚书雷礼提出永寿宫"王气攸钟"，宜及时修复；而众公卿却主张迁回大内，这样既省钱，又可恢复朝政。皇帝问严嵩。严嵩提出皇帝应暂住南宫——这是明英宗被蒙古瓦剌部首领也先俘虏放回后，景帝将其软禁的地方。嘉靖当然不愿意住在这样一个"不吉利"的地方。严嵩的这个建议铸成了他失宠于嘉靖皇帝并最终垮台的大错。

徐阶觉得这样一个千载难逢的好机会，当然不会轻易放过。所以他表现出十分忠诚的样子，提出尽快修复永寿宫，并拿出了具体规划。次年3月，工程如期竣工，皇帝喜不自禁，从此将宠爱转移到徐阶身上。

为达到置严嵩于死地的目的，徐阶还利用皇帝信奉道教的特点，设法表明罢黜严嵩是神仙玉帝的旨意。他把来自山东的道士蓝道行推荐入西苑，为皇帝预告吉凶祸福。不久，便借助伪造的乩语，使严嵩被罢官，严世蕃被斩。

在政治斗争中，需要耐心地等待时机，在激烈的商战中，同样需要耐心地等待时机。而一旦时机成熟，就必须毫不迟疑地发展自己，把对手挤垮。

被舆论界誉为"企业怪杰"的任天堂公司，正是这样一个默默等待时机，而一旦时机成熟，便迅速发展自己，终于取得巨大成功的企业。

位于日本京都东山区福稻上高松町的任天堂公司，没有耀眼的门脸，没有鲜花绿草，没有高楼大厦，更没有豪华的大理石地面、真皮沙发及玻璃吊灯，5栋三四层高的楼房掩映在民房与寺庙之间。人们绝对想不到，这竟是世界驰名的企业；更想不到，这个企业属于日本有名的大财主。

根据1993年3月的决算结果，任天堂公司税前利润为1684亿日元，实际上占日本第三位。第一位是赫赫有名的丰田公司，拥有7万多名职员和近3万家中小企业为之配套的"产业群"。第二位是日本电报电话公司，民营化前曾垄断了日本的通信业，现在的职工总数仍多达23万人。而任天堂只有950人，但人均纯利润却为9000多万日元，按当年国际汇率，相当于每人每年创利80万美元。这是世界上任何企业都望尘莫及的。

眼看着大把的钞票飞快流入任天堂腰包，日本产业界，尤其是企业界为之迷茫，这个只有不到千人的小小"企业怪物"难道有变钞票的神法？

任天堂创业已有90多年。在最初的80多年里，任天堂一直在手工作坊、街道工厂的水平上徘徊，不要说是国际上，就是在日本也知之者寥寥。

1889年，在京都下京区一条大街上，一个名叫山内房治郎的人开了一间小作坊，专做纸牌。过了十几年，即1907年才进化到做扑克牌，有时还做点麻将、象棋什么的。就这样一代一代地传下去，坚守着小本经营，虽说公司名字变来变去，不过是维持香火未断罢了。到了1949年，山内房治郎的重孙山内溥主持家政，他大学没有读完，便告别了早稻田大学的法律系。

他毕竟不同于祖辈，千方百计地开展多种经营，无奈天地有限，插翅难飞，折腾了十多年，只把无限公司改名为有限公司，股票在地方交易所上市。1963年，正式改名为"任天堂株式会社"。

1964年，东京举办了奥林匹克运动会，这是日本经济高速起飞的催化剂，任天堂也柳暗花明又一村。任天堂把扑克做得更精致、更耐磨、更难做记号。塑料扑克问世了，米老鼠、唐老鸭也上了扑克，大受人们的欢迎。这时，公司开始招收理工科大学毕业生，尝试向扑克以外的天地发展。遗憾的是，娱乐商品往往流行时间很短，3个月至半年时间便风向大转，很难形成长期固定的大规模生产线。任天堂尝试了很久，往往东西造出来却卖不出去。10年过去了，除了扑克做得更精美外，得到的只是无数次痛苦的教训。

1975年，日本兴起了电子游戏机热，娱乐产业的各生产厂家争先恐后投巨资。任天堂岂能坐失良机。他巨资下注，企图一搏。然而，正值刚刚起步，石油危机导致的经济衰退也使其萧条。不出一年，所有卷入电子游戏机的厂家全垮掉了。唯一留下的任天堂也是惨淡经营。最后，只得靠扑克牌得以延命。真是起之于扑克牌，得救于扑克牌。直到今日，任天堂仍然对扑克牌充满感情，坚持生产。

任天堂在痛苦中搏斗，也在痛苦中思索。电子产业是未来的经济基石，而游戏业最能发挥电子的优势；机会稍纵即逝，在挑战中退让，只能守着扑克摊子而难有所作为了。任天堂冒着风险，再度投资，向电子游戏业发起冲锋。1977年，与三菱电机合作，开发出面向家庭的录像游戏软件；1978年再度开发出用电子计算机操作的游戏软盘；1979年又开发出大型游戏机。如果说这些仅是摸索起步的话，那么1980年开发出的液晶电子游戏与数字表盘相结合的游戏表则是一个飞跃。这种家庭用的游戏表迅速风行日本。任天堂委托加工，30个协作厂昼夜运作，市场上还是供不应求。这时，受到第二次石油危机的影响，日本经济开始了连续3年的不景气，但任天堂却一枝独秀，仅1980年，这种游戏表就卖出了6000万套，奠定了迈向现代企业的根基。

天有不测风云。就在任天堂踌躇满志地闯天下的时候，却受到了意想不到的打击：一种产品走红，千万家争相仿造。等到任天堂清醒过来准备申请专利保护的时候，已经来不及了。从申请专利到专利得到认定有个时间差。正是利用这个时间差，有人竟把任天堂挤出了日本游戏机市场。这惨痛的教训使任天堂刻骨铭心：一定要用专利保护软件技术，维护商品的生命。

幸运的是，任天堂在春风得意之时，留了一手。在日本企业狂风暴雨般拥向海外，尤其是向北美投资之前，早在那电子游戏刚起步的1980年，任天堂就独具卓识，到北美"淘金"了。首先在美国纽约设立分公司，1982年在西雅图设立了分公司，1983年在加拿大温哥华设立了分公司。真可谓东方不亮西方亮，黑了日本有北美。任天堂开发出一种新软件，已不再是那种固定过程的游戏，而是用动画片的形式，展示出光彩夺目的影像，并具有一定的情节，使电子游戏向着更高级更复杂的方向发展。只要人们在街头或店里的机器里投币，就可以参与游戏，决定游戏结果。这种"傻瓜风格"的软件马上在日本引起轰动，成为千万儿童追逐的目标。

任天堂在经过8年多的沉默后，终于第一次扬眉吐气。但在日本国内，电子游戏业仍然是群雄混战的"战国"局面，任天堂并无绝对优势。在分析市场、开发商品的过程中，任天堂看到了一个市场缝隙，也是一个决定命运的契机：廉价而实用的家庭电子游戏机将有着广阔的开发前景。

这是千载难逢的好机会！任天堂迈出了构筑"游戏帝国"最关键的一步。

1983年7月，第一批家用电子游戏机推向市场。别的厂家都申明自己的游戏机不但可以打游戏，还可以搞计算、编排，用于学习等多种功能。任天堂反其道而行之，公开声称：这种游戏机唯一的功能就是打游戏，别无他用。别人的价格都在3万~5万日元之间，而任天堂的价格只有1.48万日元。这是一个低得让人无法相信的价格，上市后马上被抢购一空。生产线加班运转也供不应求，其他6家游戏机厂家全被挤垮了。

虽说电子游戏使不少孩子沉溺其中而影响了学习，遭到家长的强烈谴责，但这的确是电子游戏的一场革命。这使得只能在街头或店里操作的电子游戏"飞入寻常百姓家"。因此，任天堂游戏机独步于市场，常盛而不衰，到1985年便突破了500万台大关，1989年一种新型的游戏机——微型便携的"少年斗志"投入生产并上市，1990年又研制了能容纳6个特制集成电路板、具有更清晰画面和更逼真立体声的"超级游戏机"。

从1983年首次推出家庭游戏机开始，任天堂从简单到复杂，从低级到高级，不断变换花样，为自己的游戏设计了106套专用游戏卡，一次次撩拨起消费者的欲望，一次次鼓起市场的热浪。任天堂游戏卡在国内已经累计销售3.25亿个，在海外累计销售4亿个。

在接下来的5年，任天堂的营业额扩大了3倍。任天堂独占日本电子游戏市场的90%，把1/3的玩具店纳入麾下，出现了2000多个任天堂玩具专柜。虽说日本另一个电子游戏厂家"世嘉"的上升势头猛，松下、索尼等"电子巨人"也开始渗入游戏业，而任天堂似乎根本没有把它们放在眼里，颇有一种"打遍天下无敌手"之感。甚至，任天堂公开声称："我们没有竞争对手。与我们竞争的，是我们自己。"

经过漫长的80多年等待，任天堂，终于抓住发展机遇，昔日的街道工厂，一跃成为世界驰名的大企业。

（三）忍得一时气 成就百世业

中国哲学中，关于刚强与柔弱的辩证关系是讨论颇多的。所谓以柔克刚，以弱胜强，实是深知事物转换之理的极高智慧。

老子曾说："知其雄，守其雌，为天下溪。"意思是，知道什么是刚强，却安于柔弱的地位，如此，才能常立于不败之地。

应该说，老子的这种哲学对中国的为政者也影响匪浅。在中国人看来，忍让绝非怯懦，能忍人所不能忍，才是最刚强的。天下之人莫不贪强，而纯刚纯强往往会招致损伤。

战国时代，三家分晋是段有名的历史。当时晋国最有势力的大夫实际有4家，最强大的是智伯瑶。他想独吞晋国，常显得非常跋扈。当时，赵襄子刚继父位，立足未稳，在宴请智伯瑶时，智伯瑶当着其手下的面打了赵襄子，赵襄子隐忍不发。但后来当智伯瑶胁逼3家大夫供奉于他时，赵襄子却首先反对，在使智伯瑶的野心暴露之后，他联合其他两家大夫，灭掉了智伯瑶。

这故事说明智伯瑶的纯刚招了失败，而赵襄子的隐忍确立了取胜的基础。

对于领导者，为了长远的利益，为了时势、情理的转换，必要的退让隐忍不是坏事。以退为进，常常屡用屡胜。一位优秀的政治家，只有不计较一时的得失，对细微敏感的小事隐忍不计，不怨不怒，不躁不忧，方能成就大事业。

汉代的张良，曾被汉高祖刘邦称道。他赞誉张良："运筹帷幄之中"，却能"决胜千里之外"。但在张良年轻时，曾有这样的故事：

一次，他漫游在一座桥上，看见一位穿褐衣的老翁。那老翁见张良走近故意将鞋坠落桥下，然后，叫张良去捡。张良虽有些怨气，却没有发作，老老实实地下去捡起鞋子。

老翁非但没有感谢，反叫张良给他穿上，张良知道他是故意刁难，但又忍了，便跪着为老翁穿上鞋子。老翁看也没看张良，哈哈大笑，扬长而去。

张良恼怒是必然的，但望望背影，也只是摇头而已。谁知老翁又折回来了，说："小子可教啊！5天后黎明时在此等我。"

后张良得到老翁传授于他的兵书。正是依此兵书，张良学有所成，帮助刘邦成就了霸业。

张良之可教，在于其有温厚、富于忍让的气度。老翁之所为实是考验了他为政的必备之德。如若张良换一态度，这故事将会改写，而张良最终也不过是只会从事暗杀的韩国贵族的后裔而已。

中国有句古话："宰相肚里能行船。"这是现代领导者也应借鉴的经验。

（四）小不忍则乱大谋

公元1224年宋宁宗病死，在史弥远的扶持下，赵昀即位，这就是历史上的宋理宗。

理宗青年嗣位，尚未成婚，直到服丧告终后才议选中宫，一班大臣贵戚听说皇上选中宫，都将生有殊色的爱女送入宫中。

左相谢深甫有一侄女，待人谦和，贤涉宽厚。杨太后在当年自己做皇后时，曾得到过谢深甫的不少帮助，因此，想立谢氏为皇后。

除了谢氏外，当时被选入宫的美女共有6人，宁宗朝的制置使贾涉的女儿长得颇有姿色，而且还善解人意。理宗对她十分满意，一心想册立她为皇后。

可是，杨太后却说："立皇后应以德为重，封妃可以色为主。贾女姿容艳丽，体态轻盈，尚欠稳重，不像谢氏，丰容端庄，理应位居中宫。"

理宗听后没再表示反对，顺从了杨太后的意愿，册立谢氏为皇后，另封贾女为贵妃。

理宗为什么心里一千个不愿意，最终却答应了杨太后的要求呢？

原来，理宗原名叫赵与莒，只不过是绍兴民间的一名男子，史弥远为了对付原太子，便找了他，说他是赵宋宗室之子。然后把他召到临安，立为皇帝。

理宗心想：我即帝位，本就有诸多争议，此时如果不顺从太后的意愿，与她抗争，太后必定会记恨于我，说不定会废除我的皇位，另立天子，大丈夫能屈能伸，为什么我不能忍耐一下，答应她的要求呢？总有一天，她是要死的，到时候，谁还能管得了我？再说，册立皇后，也只不过是一种法定形式，册立谢氏为皇后，也没什么了不得的，后宫美女如云，还怕不能享用吗？

大礼完毕后，理宗对谢后一直是客客气气的，全按礼数办，并能像例行公事似的在谢后那儿逗留一晚上。

过了两年，杨太后一命呜呼，撒手而去。

此时，理宗的羽翼已丰满，又见杨太后去世，便再也不问津谢后了，天天与贾妃在一起，无所忌惮地宠幸贾妃。

理宗尽管在处理朝政上是个昏君，毫无建树，但在册立皇后上，能够认清形势，采取了忍耐、让步的策略，最后达到了目的。

培根曾经说过："人不可像蜜蜂那样把整个生命拼在对敌人的一蜇中。"莎士比亚也说：小事不忍，也遭大祸。中国古代哲人孔子则说得更为明确："小不忍则乱大谋。"因此，在商业竞争中，优秀的经营者应该学会忍耐，用理智克制心中的情感，不为眼前的荣辱所动，只有这样才能成就大业。日本矿山大王古河市兵卫就说过："忍耐即是成功之路。"

古河市兵卫，小时候做豆腐店工人，后又受雇于高利贷者，当收款员。

有一天晚上，他到客户那儿催讨钱款，对方毫不理睬，并且干脆熄灯就寝，一点儿都不把古河市兵卫放在眼里。古河市兵卫毫无办法，忍饥受饿，一直等候到天亮。

早晨，古河市兵卫并没有显出一点愤怒，脸上仍然堆满笑容。对方被其的耐性感动，立即态度一变，恭恭敬敬地把钱付给他。

古河市兵卫的这种认真随和又富有耐性的工作精神，诚恳的待人态度，让老板大为欣赏，没有多久，老板就介绍他去财主家做养子。之后，他便进入豪商小野组（组等于现在的公司）服务。因工作表现优异，几年后就被提升为经理。

数年后，古河市兵卫买下了废铜矿——足尾铜矿。这是个早已被人遗弃的铜矿。因此，他一开始进行开采，就有人嘲笑他，视他为疯子。

然而他有耐心和不怕打击的坚强意志，对世人的嘲笑置之不理。

就这样，一年过去了，两年过去了，却不见铜的影子，而资金却一天一天地在减少。但他一点都不气馁，面对困境，咬紧牙关，抱定决心，跟矿工们同甘共苦，惨淡经营，4年如一日，就在1万两金子的本钱几乎要化为乌有时，苦尽甘来，铜终于挖出来了。

古河市兵卫这种倔强和不达目的绝不罢休的忍耐性，便是别人所做不到的。

有人问古河市兵卫成功的秘诀，他说："我认为发财的秘诀在于忍耐二字。能忍耐的人，能够得到他所要的东西。能够忍耐，就没有什么力量能阻挡你前进。"忍耐即是成功之路，忍耐才能转败为胜。

五、居安思危　神龙匿迹术

进退之道，显隐之策，往往奇妙无穷。暂时的退让换取的是永久的上进，似退实进，神龙见首不见尾，这才是最后的赢家。

（一）箭欲远发　必弯强弓

隋炀帝大业十一年（公元615年），李渊出任山西、河东抚慰大使，奉命讨捕群盗。对于一般的盗寇，如毋端儿、敬盘陀等，都能手到擒来，毫不费力；但对于北领突厥，因恃有铁骑，民众又善于骑射，却是大伤脑筋，多次交战，败多胜少。突厥兵肆无忌惮，李渊视之为不共戴天之敌。

公元616年，李渊被诏封为太原留守，突厥竟用数万兵马反复冲击太原城池。李渊遣部将王康达率千余人出战，几乎全军覆没。后采巧使疑兵之计，才勉强吓跑了突厥兵。还有更可恶的是，盗寇刘武周，突然进踞归李渊专管的汾阳宫（隋炀帝的行宫之一），掠取宫中妇女，献给突厥。突厥即封刘武周为定杨可汗。另外，在突厥的支持或庇护下，郭子和、恭举等纷纷起兵闹事，李渊防不胜防，随时都有被隋炀帝以失责为借口杀头的危险。

大家都以为李渊怀着刻骨仇恨，将会与突厥决一死战。不料李渊竟派遣谋士刘文静向突厥屈节称臣，并愿把"子女玉帛"统统送给始毕可汗！

李渊的这种屈节让步行为，就连他的儿子都深感耻辱。李世民在继承皇位之后还念念不忘："突厥强梁，太上皇（李渊）……称臣于颉利（指突厥），朕未尝不痛心疾首！"李渊却"众人皆醉我独醒"，他有他自己的盘算，屈节让步虽然样子上难看一点，但能屈能伸方能成为大丈夫。

原来李渊根据天下大势，已断然决定起兵反隋。要起兵成大气候，太原虽是一个军事重镇，但还不是理想的根据地，必须西入关中，方能号令天下。西入关中，太原又是李唐大军万万不可丢失的根据地。那么用什么办法才能保住太原，顺利西进呢？

当时李渊手下兵将不过三四万之众，即使全部屯住太原，应付突厥的随时出没，同时又要追剿有突厥撑腰的四周盗寇，也是捉襟见肘。而现在要进伐关中，显然不能留下重兵把守。所以，唯一的办法是采取和亲政策，让突厥"坐受宝货"。所以李渊不惜屈节让步，自称外臣，亲写手书道："欲大举义兵，远迎主上，复与贵国和亲，如文帝时故例。大汗肯发兵相应，助我南行，幸勿侵暴百姓。若但欲和亲，坐受金帛，亦唯大汗是命。"与突厥约定，共定京师，则土地归我唐公，子女玉帛则统统献给可汗。

退一步海阔天空。唯利是图的始毕可汗果然与李渊修好。在李渊艰难地从太原进入长安这段时间里，李渊只留了第三子李元吉率少数人马驻扎太原，却从未遭过突厥的侵犯，依附突厥的刘武周等也收敛了不少。李元吉于是有能力从太原源源不断地为前线输送人员和粮草。等到公元619年，刘武周攻克晋阳时，李渊早已在关中建立了唐王朝，而此时的唐王不仅在关中站稳了脚跟，还拥有了幅员辽阔的根据地，此时的刘武周再也不是李渊的对手，李渊派李世民出马，不费多大力气便收复了太原。

另外，由于李渊甘于屈节让步，还得到了突厥的不少资助。始毕可汗一路上送给李渊不少马匹及士兵，李渊也借机购来许多马匹，这不仅为李渊拥有一支战斗力极强的骑兵奠定了基础，而且因为汉人素惧突厥兵英勇善战，李渊军中有突厥骑兵，自然凭空增加了不少声势。

李渊屈节让步的行为，为不少人所不齿。但在当时的情况下，不失为一种明智的策略，它使弱小的李家军既平安地保住后方根据地，又顺利地西行打进了关中。如果再把眼光放远一点看，突厥在后来又不得不向唐乞和称臣，突厥可汗还在李渊的使唤下顺从地翩翩起舞哩！

由此看来，暂时的屈节让步，往往是赢取对手的关键，最后不断走向强盛，再后来使对手屈节的一条有用之计，在商业竞争中，这样的事例也不少。

1983年，美国通用汽车公司兼执行经理史密斯，经过深思熟虑后做出重大决策，将公司属下坐落在加利福尼亚州费雷门托市的一家汽车工厂拿出来，与日本丰田汽车公司合并，生产丰田牌小轿车。当时日本丰田汽车早已因其质优价廉进入美国市场，驰骋于美洲大陆。能将汽车工厂打出本土，自然是雄心勃勃的丰田公司求之不得的好事，因此美方建议一经提出，日方的人员、设备便跨洋过海来美国安家了。

美国人早就对日本汽车"侵入"美洲大陆、抢占美国汽车王国地位反对至极，史密斯竟公然把日本公司大摇大摆请到国土上生产汽车，这不是"丧权辱国"的屈节投降，也至少是"引狼入室"的高度让步。为此，美国上下，尤其是汽车界纷纷向史密斯提出谴责和非议。

到底是引狼入室，纯粹的屈节让步，还是另有一番苦心？史密斯自有他的打算和想法。他深切地了解到，美国汽车界之所以在日本汽车大举进攻之下束手无策，一个很重要的原因就是过去太轻敌了。当初日本车刚刚驰入美洲之时，几乎所有美国汽车商都认为日本车不过是初学者的小玩意，低劣产品。对日本汽车售价低、性能好、省燃料的特点缺乏正确的认识态度。等到日本汽车在美国越来越畅销时，美国同行便一筹莫展了。到了现在，日本汽车在各方面都有优势，不承认这一点只能说明是狂妄自大。争取日本技术的帮助，增强自己产品的竞争实力，才是争回面子，争回利润的唯一正确出路。

所以，史密斯与日本丰田汽车公司合并之举，表面看似乎是引狼入室的大让步，实际上则是把"老师"请到家里的一大进步；似乎是向日本同行俯首称臣，实际上则是了解老师，向老师学习，然后"青出于蓝而胜于蓝"，一举胜过老师的昂首夺霸之举。

时至今日，没有一个厂商不明白，要想与日本汽车竞争，必须像日本汽车那样降低生产成本和提高汽车质量，只有两手抓，双管齐下，才能赢得这场竞争。而通用汽车公司在20世纪80年代便已开始巧用计策走出这一步。也正因为这样，通用公司能不断抗阻日本汽车的冲击，始终站立于美国汽车界前列，并逐步追赶日本。

（二）忽隐忽现 诡行迷踪

明武宗正德十二年（公元1517年），沈希仪出任右江参将。右江城不远，就是瑶人盘踞的地方。由于瑶人的暗探遍及城内，甚至官府内稍有动静，他们都能及时掌握消息。沈希仪到任后，采取多种方法掩饰自己的行动。

一次，他想去讨伐一个瑶人盘踞的地区，就假装生病躺下，他的部下到他那里探询病情，但他全部都谢绝不见。第二天，部下又来探询病情，他起身说："我病了，想吃些鸟兽肉，你们能跟我一道去打猎吗？"说罢，马上与来探病的部下动身去打猎。

到离瑶人住处一两里的地方，他命令停下扎营。部下这才知道原来并非来打猎，而是讨伐瑶人。大家奋起作战，捉住了其中最狡猾而又最善于打仗的人，把他肢解后，悬挂在城门口，使过往行人吓得直打哆嗦。

沈希仪还常在悲风凄雨、昏天黑地的夜晚，到已经调查清楚的瑶人宿地，让军队散开，派人带上火铳，戴上用鸟兽的毛制成的衣服。帽子的颜色与草的颜色非常相似，所以沈希仪的部属更有利于隐蔽接近瑶人。半夜时分，他们向瑶人发起进攻，近距离向瑶人开炮。瑶人一听到炮声，吓得魂不附体，大叫："老沈来了！"只好带着老婆孩子逃到山上。由于天色漆黑，加上惊恐万分，常有孩子因天气寒冷而又毫无遮隐被冻死，还有的在逃跑途中碰上石头撞死。所以老婆孩子都埋怨说："你做贼有什么好处？落得现在这种求生不能求死不得的下场！"瑶人想探听沈希仪的情况，但沈希仪却一直在参将府里不出来。从此，瑶人被他的变幻莫测吓破了胆，不少人只好洗心革面，当了明朝的顺民。

无论是战争，还是商战，诡行迷踪，或运用"多变"手法使自己的行为不为别人所揣摩，是战胜对手的好方法。在日本，被称为"现代怪物""价格破坏者"的中内功，正是以他一系列令人眼花缭乱的经营手法，使他创立的大荣公司在不长的时间里，跃居全日本第一大零售商。

1962年5月5日，是中内功永远也忘不了的日子。这一天，他出席在芝加哥召开的全美超市协会创立25周年纪念大会。在当时的美国，超市已相当发达，食品的70%～75%通过超市销售。西雅图·罗巴克公司拥有740家商店，营业额47.8亿美元。这使中内功惊讶万分。尽管在这之前，中内功为建立日本的超市做了不懈的努力，但在当时的日本，"超市"对大多数市民来说，还是一个陌生的字眼。

中内功凭自己的直觉相信，在日本，超级市场的时代一定会到来，自己走过来的路顺应了时代发展的潮流，肯定没有错！

从美国回来后，中内功更加猛烈地扩充他的事业，新设店铺，扩大经营规模，增加商品种类和数量。这一年，商品经销额突破100亿日元大关，从业人员达到1000人。

获得成功的中内功决定向东京进军。第二年，中内功采取一系列步骤，企图打开东京这片"冻土"，但是，由于东京商业界的联手反对，中内功遭到失败。遭到挫折的中内功并不罢休，1969年6月，中内功终于在东京西南部新建的城郊住宅区建立了关东地区最大的购物中心。当年10月，他又在更接近东京市中心的赤羽地区设立了直接经营面积达9257平方米、出租面积为2444平方米的购物中心。这同当时在超级市场拥有第二大实力的西友商店发生了正面冲突。在一场有惊无险的激烈竞争后，大荣公司（由中内功开设）再次占了上风。

激烈的竞争促使超级市场在日本各地迅速发展起来。已渐渐向超市霸主地位逼近的中内功，更是当仁不让，在流通领域掀起了一场令竞争对手眼花缭乱的革命：

1.引进美国先进的流通技术，如无人售货、廉价商店、专卖店、超级市场、简易商店、购物中心等新型商店以及分期付款、信用卡、邮寄商品等行销方式，打破了售货员与消费者隔着柜台、面对面进行交易的传统；

2.争取零售业掌握价格决定权，改变以往由厂家决定商品流通价格的做法。而后者意义更为深远。

为此，中内功奉行"薄利多销"的经营思想，以致被人称为"拍卖大王""廉价倾销者"。他认为，厂家的责任只在于生产优质商品，产品一旦归经销店所有，售价和行销方式应该由经销店决定。这种观点注定要同厂家发生正面冲突。开设大荣公司，围绕商品的零售价格，中内功先后同松下电器、花王化妆品、味之素等大制造厂家进行了长时间的抗争。

他首先采取办法降低了松下等电器厂家产品的价格，其零售价格比松下等电器生产厂家的"指标价格"低5个百分点，即削价20%。松下公司得知后，立即停止向大荣供货。中内功只好通过松下公司的代理店和现金批发商等秘密渠道进货。为此，松下公司在电视机、洗衣机等产品上打上了使用特殊光线可以识别的记号，在发现大荣的秘密进货渠道后，迅速——将它们堵死。

无奈，中内功只好向松下等厂家发起正面进攻。1967年9月，中内功当着参议院物价对策委员会委员的面，向电视台记者揭发了松下等厂家的违法行为："松下电器、索尼等厂家为牺牲销售业和消费者的利益而攫取利润，向销售业者提示价格，在产品上打秘密番号，控制流通渠道，以防止零售商店廉价售商品。"

中内功所告发的这种不公平交易行为在日本具有普遍意义。对于新兴的超市来说，这是发展途中的一大障碍。为实现大团结，从厂家控制下争取自己决定售价的权利，10家拥有超级市场的企业于1967年成立了联销商店协会，中内功当选为会长。协会成立声明宣称："我们这些联销商店相信，只有消费者的满意和更高的生活水平才是我们应该创造的价值。我们要在我们的国土上，创建一种崭新而强大的产业！"

大荣公司面对厂家的压力毫不退让的做法，赢得了广大消费者的广泛赞赏。因为，大荣公司与厂家之争，说到底，还是价格之争。由于降低了商品价格，最后受益的还是消费者。

中内功继续"出招"压价。

1974年，大荣公司与化妆品厂家资生堂就商品减价问题进行谈判，结果不欢而散。于是，大荣公司要求资生堂公司把标价1000日元以上的化妆品全部从商店收回去。

可是，对于资生堂来说，大荣公司强大的行销能力和每年100亿日元化妆品的销售额却有着极大的吸引力。因此，资生堂总经理冈田英夫和中内功两人通过电话进行谈判，结果达成协议：由资生堂向大荣提供8种"大荣第一"牌化妆品，供大荣公司经销，售价比该公司同类产品便宜15%。此外，双方还决定共同开发使用大荣公司商标的化妆品。这样，双方既达成了保全面子，又可互相获利的妥协。接着，大荣又与另一家化妆品公司签订了内容相似的协议。

这种联合开发的方式，对超级市场有着里程碑的意义：由于超市参与产品的开发，厂家再无办法"指标价格"，换言之，由于超市更直接参与了商品的生产，可以根据顾客的要求，制定独特的设计规模，而且可以就订购产品质量、价格、标志、包装和制造、加工等各阶段制定严格的标准，使商店不再处于"你产我销"的被动地位。

由于中内功采取了一系列令同行眼花缭乱的步骤，牢牢地控制了商品价格这一关键问题，大荣公司在日本流通业界实现了一场"流通革命"，得以迅猛发展。到1989年9月，大荣公司中已拥有资本337.45亿日元，从业人员1.6万人，店铺189家，商品营业额高达16753亿日元！

（三）退避三舍　以求发力

"退避三舍"是出自春秋时期的一个成语，也是当时的一个谋略故事。

晋文公重耳在流亡时，辗转来到楚国，楚成王把他当作贵宾对待。一天，楚成王在为重耳举行的宴会上问道："公子要是回到晋国当国君以后，用什么来报答我呢？"晋文公当时答道：

"玉石、美女和绫罗丝绸你们都有，珍奇的鸟羽、名贵的象牙就产在你们的国土上，流落到我们晋国去的，不过是你们剩余的物资，我不知道拿什么来报答你们。"楚成王还是抓住这个话题不放，继续说："即使就像你说的那样，你总得给我们报答吧！"重耳考虑了一下说道："如果我托您的福，能够返回晋国，有朝一日不幸两国军队在中原相遇，我将后退三舍回避您，以报答今日的盛情。若这样做还得不到您的谅解，我也就只有驱马搭箭与您周旋一番了。"

公元前632年，晋文公采纳中军元帅先轸的计谋，离间了楚国与齐、秦的关系后，又离间了曹、卫与楚的关系。楚国被激怒，楚令尹子玉立即率军北上，征伐晋国。晋文公见楚军逼近，便下令晋军后撤90里（古时一日行军30里称为一舍，90里即为三舍）。晋军后撤引起将士不解，他们认为，为晋国之君躲避楚国之臣，这是一种耻辱的举动，何况楚军在外转战多时，攻宋国一直不能克，士气已衰竭，晋军不应后退。晋臣狐偃向大家解释说，国君这样做，是为了报答当年楚国的恩惠，兑现"两国若交兵，退避三舍相报"的诺言。如果国君以前说的话不算数，我们就理屈了。

其实，晋文公下令退后90里，一方面是为了实现诺言，更重要的还是军事上的需要，想以此法来激励晋军将士，同时也使晋军避开楚军的锋芒，进一步养成楚令尹子玉的骄横情绪，然后选择有利的时机和地势同楚军会战。

果然，晋军撤到城濮后，宋、齐、秦等国也分别派来了军队，支持晋文公的行动。而在楚军中，一些将士见晋军撤退90

里，也主张就此撤军返楚。但是，子玉却坚决不同意，他认为，晋军的后撤是惧怕楚军的表现，于是率领楚军紧追不舍，一直到城濮的一个山头下驻扎下来。结果，城濮一战，楚军被晋文公率领的联军打得大败。

"退避三舍"，其中包含着多层谋略，如借守信用，实现诺言，以争取舆论的支持，掌握战争主动权；欲擒故纵，借以纵敌骄敌；避敌之锋芒，疲惫消耗敌兵士气；以退为进，寻找破敌最佳突破口等。这一谋略是最基本的，应该说是晋文公运用了以退为进的战略。

以退为进是现代商战争霸中的重要谋略。在商场竞争中，一个经营者如果不懂得以退为进的谋略，该退而不退，就会在盲目前进中碰壁。反之，当你所经营的产品出现市场疲软，难以销售的时候，当你与竞争对手在实力对比上相差悬殊，难以战胜对手的时候，不妨采用退一步的策略，以退求进，定会比盲目冒进取得更大的成效。美国著名企业钢铁公司就曾成功地运用这一谋略反败为胜。

众所周知，美国钢铁公司是1901年由3家钢铁企业合并而成的巨型企业。20世纪50年代，该公司是世界上最大的钢铁公司。到了60年代，日本钢铁公司占了上风，夺走了美国钢铁公司在世界钢铁界的魁首地位，美国钢铁公司屈居第二位。

大卫·罗德里克出任美国钢铁公司董事长后，为了从困境中走出来，他采取了以退为进的策略：首先缩小公司的规模，然后再谋求新的发展。从1980年开始，罗德里克总共关闭了150个工厂。与此同时，他出售了公司的大片林地、水泥厂、煤矿和建筑材料供应厂等资产，获得了将近20亿美元的流动资金。随后，罗德里克与公司有关人员一起，对美国几家大企业进行研究，最后以50亿美元的价格收购了一家石油公司。虽然石油公司与钢铁公司的性质完全不同，然而，罗德里克此举的目的一是扩大公司的业务范围，二是为公司拓展新的发展道路，以防不测。

果然，当西方钢铁业最不景气的风暴袭击美国时，美国钢铁公司不仅没有受到一些钢铁企业纷纷破产倒闭浪潮的波及，而且，由于公司开辟了石油业务，在面临困难环境的大背景下，公司还得到了发展。1985年一季度的营业额达45亿美元，仅石油及天然气的营业额就有25亿美元，从中获利3亿美元。美国钢铁公司又开始重振当年的雄风。

（四）适应天道 不死之身

古语云："水至清则无鱼，人至察则无徒"。人过于精明，常常会带来麻烦，为此，聪明人有时要装作糊涂，大智若愚，以保全自己。

战国末期王翦奉命出征，出发前，向秦王请求赐给大量的良田房屋，秦王说："将军放心出征，何必担心呢？"

王翦道："做大王的将军，有功最终也得不到封侯，所以趁大王赏赐我临别酒饭之际，我也及时地请求赐给我田园，作为子孙后代的家业。"秦王大笑，答应了王翦的请求。

王翦到潼关，又派使者回朝请求良田，连续派了5人，而秦王爽快地一一应允。心腹总将私下劝告王翦。王翦支开旁人，悄悄地说："我并非贪婪之人。因秦王狡诈多疑，现在他把全国的军队交给我一人统率，心中必有不安。所以我请求赏赐，让子孙安居乐业以安秦王之心。"

无独有偶，像王翦这样用心良苦的侍君者，萧何也是一个。

汉高祖时，吕后采用萧何之计，谋杀了韩信。人曰："成也萧何，败也萧何。"高祖正带兵征剿叛军，闻讯后派使者还朝，封萧相国，加赐五千户，再令500士卒、1名都卫做护卫。

百官都向萧何祝贺，唯陈平表示担心，暗地里对萧何说："大祸由现在开始了。皇上在外作战，您掌管国政。您没有冒着箭雨滚石的危险，皇上增加您的俸薪和护卫，这并非表示宠信。如今淮阴侯（韩信）谋反被诛，皇上心有余悸，他也有怀疑您的心理。我劝您辞封赏，拿所有家产去辅助作战，这才能打消皇上的疑虑。"

萧何依计而行，变卖家产犒军。高祖果然喜悦，疑虑顿减。

高祖得胜回朝，有百姓拦路控诉相国。高祖不但没有生气，反而高兴异常，也没对萧何进行任何处分。

人生活在社会中，面对的是纷繁多变的世界，打交道的形形色色的人物，要想立身于世，不得不精明些。但是，精明、技巧要因人因地而异，有时候就不能太聪明。

"聪明反被聪明误"，这样的人屡见不鲜；过于方正，深得人心而引来杀身之祸者，史书上不胜枚举；善辩者不能信任，这已是很多人心中十分牢固的观念。

因此在谈话时，一定要注意顾及别人的心理，不要处处显示自己的聪明。必要时不但要把自己的聪明归于别人，而且要善于自损形象，要做出一副"大智若愚"的形象来，既显示自己的谦逊，又不致使对方相形见绌。

世界上没有不爱听赞美话的人。这是人类内心深处的弱点所致。人活在世上，需要同情、关心、爱护和尊重，没有这些，人类的心灵就会像沙漠一样干枯寂寞。赞美别人，就是给予别人同情、关心和爱，就是对别人劳动和创造的尊重，因此，赞美对于人类心灵的重要性，犹如阳光和生命。

学会赞美别人，会使你成为处处受欢迎的人，甚至能帮助你逢凶化吉。深谙赞道，能使你顺利地消除与他人的隔阂，铲平顾忌和疑虑，助你走上成功之路。

秦国有位能言善辩之士名叫中期。有一天他应召入宫，和秦王讨论政事，结果秦王被驳得体无完肤。

秦王大怒，心想：你怎能一点不顾我这一国之君的脸面！而中期却不理不睬，缓缓走出宫去。秦王狠狠地说："不杀你这贼子我誓不甘心！"

中期回去后，明白秦王不会为此事而放过自己，便托一位朋友进宫对秦王说："中期真是个粗人！刚才他是遇到圣明的君主了，大王您没有责怪他。假如换了夏桀或商纣那样的暴君，早把他杀了。我要向人们宣传此事，让大家都知道大王的豁达大度，礼贤下士。"

秦王顿觉飘飘

然："先生过奖了。中期的话是很有道理的，我还要奖赏他呢！"

中期的高明在于：原则上毫不让步，但懂得在危险关头如何运用赞美之辞使自己逃避灾祸。

越是身居高位的人，越需要别人的称誉和赞美。因为身居高位，难免产生自高自大、唯我独尊的心理，同时，由于属下的敬而远之，也会使身居高位者感到寂寞孤独。

因此，学会对那些居于高位的人予以赞美，分担他们那份沉重的孤独，用你的爱心和关心去温暖他们的包裹着冰雪的心灵，他们就会对你另眼看待，倍加重视。

明代开国皇帝朱元璋，少年时做过放牛郎，结交了一帮穷朋友。做了皇帝后，那种高处不胜寒的感觉便渐渐袭来了，于是他很怀念过去的一帮穷朋友，总想找机会与他们敞心叙谈。

有一天，一个人从乡下赶来，一直跑到皇宫门外，在他的哀求下，皇门官进去启奏说："有旧友求见。"

朱元璋吩咐传进来，那人见面后即下拜说："我主万岁！当年微臣随驾扫荡庐州府，打破罐州城，汤元帅在逃，拿住豆将军，红孩子当兵，多亏菜将军。"

朱元璋听他说得动听、含蓄，心里很高兴，回想当年大家饥寒交加有福共享、有难同当的情景，心情很激动，所以，立即封他为御林军总管。

这个消息让另一个穷朋友听见了，心想："同是那时候一块儿玩的人，他去了既然有官做，我去当然也不会倒霉的。"

和朱元璋一见面，他高兴极了，生怕旧友忘了自己，便指手画脚地说："我主万岁！还记得吗？从前你我都替人家放牛。有一天我们在芦花荡里，把偷来的豆子放在瓦罐里煮。还没等煮熟，大家就抢着吃，把罐子都打破了，撒下一地的豆子，汤都泼在泥地里，你只顾顺手从地下满把抓豆子吃，却不小心连红草叶子也送进嘴里，卡住喉咙。还是我出的主意，叫你用青菜叶子放在手上一拍吞下，才把红草叶子带下肚子里去。"

当着百官的面，朱元璋又气又恼，哭笑不得，为顾全风度，他喝令左右："哪里的疯子，拿下，重责！"这个国君的穷朋友，因一味讲实话，既不掩饰自己，又不赞美他人，结果落得如此下场。